中国科普作家协会原理事长、
中国科学院院士刘嘉麒作序推荐

科学的故事丛书
THE STORY OF SCIENCE

徜徉科学世界，汲取自然灵气，浓缩历史精华。
让阅读，与众不同。

The Story of Chemistry

化学的故事

杨天林 / 著
樊小龙 / 审订

科学出版社
北京

内 容 简 介

回望历史，文字形成以前的陶器制作、大山深处丹炉里的徐徐火焰、中世纪点石成金的梦想、最早的无机合成和分离、天然化合物的分子设计和结构修饰等，无不记录着化学发展的足迹。

本书生动地描述了元素的发现和单质的制备、原子量的测定、元素周期律的形成和发展、原子－分子论建立的历程、有机合成和结构理论等化学史上的重要事件，并从化学的角度探讨了人类文化与科学发展的关系、化学在古代社会发展史中所起的重要作用和扮演的主要角色，借此追寻和思考前人思想进化的历程。

图书在版编目（CIP）数据

化学的故事 / 杨天林著. —北京：科学出版社，2018.4

（科学的故事丛书）

ISBN 978-7-03-053742-3

Ⅰ. ①化…　Ⅱ. ①杨…　Ⅲ. ①化学–普及读物　Ⅳ. ①O6-49

中国版本图书馆 CIP 数据核字（2017）第 138747 号

丛书策划：侯俊琳

责任编辑：朱萍萍　张翠霞 / 责任校对：何艳萍

责任印制：徐晓晨 / 插图绘制：郭　警

封面设计：有道文化

科学出版社 出版

北京东黄城根北街 16 号

邮政编码：100717

http://www.sciencep.com

北京虎彩文化传播有限公司 印刷

科学出版社发行　各地新华书店经销

*

2018 年 4 月第　一　版　　开本：720 × 1000　1/16

2022 年 1 月第四次印刷　　印张：15　1/4

字数：205 000

定价：48.00 元

（如有印装质量问题，我社负责调换）

总　　序
科学中有故事　故事中有科学

人类来源于自然，其生存和发展史就是一部了解自然、适应自然、依赖自然、与自然和谐共处的历史。自然无限广阔、无限悠长，充满着无数奥秘，令人类不断地探索和认知。从平日的生活常识，到升天入地探索宇宙的神功，无时无地不涉猎科学知识，无事无物不与科学密切相关。人类生活在一个广袤的科学世界里，时时刻刻都要接受科学的洗礼和熏陶。对科学了解的越多，人类才能越发达、越进步。

由杨天林教授撰著的“科学的故事丛书”，紧密结合数学、物理、化学、天文、地理、生物等有关知识，以充满情趣的语言，向广大读者讲述了一系列富有知识性和趣味性的故事。故事中有科学，科学中有故事。丛书跨越了不同文化领域和不同历史时空，在自然、科学与文学之间架起了一座桥梁，为读者展现了一个五彩缤纷的世界，能有效地与读者进行心灵的沟通，对于科学爱好者欣赏文学、文学爱好者感悟科学都有很大的感染力，是奉献给读者的精神大餐。

科学既奥妙，又充满着韵味和情趣。作者尝试着通过一种结构清晰、易于理解的方式，将科学的严谨和读者易于感知的心灵联系起来。书中的系列故事和描述引领读者走向科学的源头，在源头和溪流深处追忆陈年往事，把握科学发展的线索，感知科学家鲜为人知的故事和逸闻趣事。这套书让读者在阅读中尽情体会历史上伟大科学家探索自然奥秘的幸福和艰辛，可以唤起广大读者，特别是青少年朋友对科学的兴趣，并在他们心中播下热爱科学的种子。

科学出版社组织写作和出版这套丛书，对普及科学知识，提高民众的科学素质无疑会发挥积极作用。我期待这套丛书早日与读者见面。

中国科普作家协会原理事长
中国科学院院士 

2018 年 1 月

前　　言

科学的源头在哪里？科学是如何发展起来的？在人类社会的发展和变革中，科学曾经产生了怎样的影响？我们对宇观世界的认识、对宏观世界的认识、对微观世界的认识是如何得来的？

翻开“科学的故事丛书”，你一定能找到属于自己的答案。

作者在容量有限的篇幅中，将有关基础知识、理论和概念融合成一体，在一些领域也涉及前沿学科的基本思想。阅读“科学的故事丛书”，有助于读者从中了解自然演变和科学发展的真实过程，了解散落在历史尘埃里的科学人生及众多科学家的人文情怀，了解科学发展的线索，了解宇宙由来及生命演化的奥秘。借此体验科学本身的魅力，以及它曾结合在文化溪流中、又散发出来的浓烈异香。

本套丛书中，有古今中外著名科学家的趣闻轶事，有科学的发展轨迹，有自然演化和生命进化的朦胧痕迹，有发现和创造的艰难历程，也有沐浴阳光的成功喜悦。丛书拟为读者开辟一条新路径，旨在换个角度看科学。我们将置身于科学精神的溪流中，潺潺而过的是饱含科学韵味的清新语言，仿佛是深巷里的陈年老酒，令人着迷甚至痴醉。希望读者能够通过阅读启发心智、培养情趣、走进神圣自然、感知科学经典。

英国著名历史学家汤因比（Arnold Joseph Toynbee）曾说：“一

个学者的毕生事业，就是要把他那桶水添加到其他学者无数桶水汇成的日益增长的知识的河流中。”本套丛书就是一条集合前人学者科学智慧的小溪，正迫不及待地汇入知识河流中，希望能够为不同学科、不同领域间的沟通和交流起到媒介、引导作用，也期望更多对自然科学感兴趣的爱好者能够在阅读中体验到一份来自专业之外的惊喜和享受。

目　录

第一章

走进化学

化学对于我们来说，并不陌生。它和我们的生活息息相关，和生命的起源及演化息息相关，甚至和宇宙的演化息息相关。

化学的核心表现就是物质的生成和消失，在微观层面上，其实就是原子的重新排列与组合。但在本章，关于化学，我们要从很久以前说起。

一、远古时期的化学

远古时代的人类过着极其原始和简单的生活。人类以狩猎和采集为生，吃的是生肉和野果，住的是洞穴或地窝子。那时的人类生活极其艰难，也没有相对发达的意识。

根据考古学家的考证，大约在距今 50 万年前，人类就已经能够持续用火。在周口店北京猿人生活过的地方，发现了经火烧过的动物骨骼化石，出土了许多灰烬、烧骨和炭屑等，这都是北京猿人用火的遗迹。有了火，人类就告别了茹毛饮血的生活。

吃烤熟的食物有利于增进人类的健康和提升智力，火的使用本身就是人类生存能力提高的一个重要标志，北京周口店也因此闻名于世。后来，人类又学会了摩擦生火和钻木取火，这样的技术使火成为可以随身携带的东西。人类学会了驾驭火，意味着化学的序幕正在拉开。

人类通过使用火、制造陶器、冶炼金属和提取染料等一系列实践活动，逐步远离了原始单调的生活方式，进入文明社会。在这个过程中，化学活动始终伴随着人类前进的步伐。

化学与人类的生产实践活动密切相关。烧制陶器、冶炼青铜器和铁器都是化学的应用。这些应用极大地促进了当时社会生产力的发展，成为人类文明进步的重要标志。

在人类文明进化的历程中，化学的起源和发展源自人类生存和生活的需要。从最初的制陶、金属冶炼、本草药物和炼丹术的使用，到纸的发明、火药的应用，以及很多手工业作坊的建立，都可以让人体会到化学的起源和发展与人类基本生产活动的密切关系。

至少在 7000 ～ 8000 年前，我们的祖先已经能够制作陶器；3000 多年前，商朝已经有了高度精美的青铜器；之后出现的纸和火药同样是化学史上的伟大发明。

在中国，纸发明以前，人们常用竹简或帛做书写材料，书写的不便可想而知。据说汉武帝时期，东方朔的一个奏本就用了3000片竹简，派了两个人才抬到宫里。而帛的价格太昂贵，非一般人能用得起。从中可见纸对人类文明发展的重要性。

二、炼丹术和炼金术的兴起

当封建社会发展到一定阶段，生产力有了较大提高的时候，统治阶级对物质享受的要求随之提高。在那个时代，皇帝和贵族是追逐时尚和奢侈的主体。他们的欲望不外乎表现在两个方面：①希望拥有更多的财富，那是享乐的物质基础；②当他们拥有了巨额的财富以后，就希望永远地享用下去。所以对长生不老的追求也是自然而然的事。

公元前 221 年，秦始皇统一六国，这意味着他从此拥有了天下，财富对他来说不再是问题。唯一困扰他的是如何能够长生不老，因此寻求长生不老药就成为当时社会所面临的最紧迫的事情（其实是统治者所面临的最紧迫的问题）。毫无疑问，这样的大事要列入皇帝的议事日程中，因此那时候的秦朝皇宫里就有一大批方士（炼丹家）日日夜夜为统治者炼制丹药，即所谓的长生不老药。

世界其他地方的炼金术士也在丹炉旁孜孜不倦地工作着，他们的目的也很明确，就是点石成金，即用人工方法制造黄金。他们认为，可以通过某种手段把铜、铅、锡、铁等贱金属转变为金、银等贵金属。古希腊的炼金术士就把铜、铅、锡、铁熔化成一种合金，再把它放入多硫化钙溶液中浸泡。于是，在合金表面便形成了一层硫化锡，它的颜色酷似黄金。今天，我们把金黄色的硫化锡叫作金粉，它可用作古建筑的金色涂料。而当时的炼金术士却以为“黄金”已经炼成了。

实际上，颜色的变化仅仅是一种表象，并不意味着黄金真的就可以这样炼成。“点石成金”从来都是古老而充满魅力的神话。虽然如此，他们长年辛勤的劳作成果并非都付诸东流。那些不畏艰辛、长年累月在被毒气和烟尘笼罩的简陋丹炉旁工作的人，就是早期的化学家。他们整天专心致志地探索着的其实就是化学科学的奥秘。那些不利于身心健康的工作场所就是最早的化学实验室。

他们为化学学科的创立积累了丰富的素材，也提供了许多成功的经验和失败的教训，总结出了一些化学反应的规律。在那个过程中，他们发明了蒸馏器、熔化炉、加热锅、烧杯及过滤装置等。他们还根据当时社会的需要，制造出很多治病的药、有用的合金和其他东西。他们把实验方法和实验结果整理成文，就成为后来的著作。正是那些理论、实验方法、仪器及著作，奠定了化学作为一门科学的基础。按今天的标准看，他们的行为有些荒谬，但在历史的层面上，他们是早期开拓化学科学的先驱。

三、化学发展的几个阶段

在这里，简要回顾一下历史是有必要的。在对化学发展历程的追溯中，我们发现，伴随着人类社会的发展和文明的进步，化学也经历了几个重要的发展阶段。

1. 萌芽时期

远古时代，人类社会有制陶、冶金、酿酒、染色等工艺，这些工艺主要是在实践经验的直接启发下经过漫长时间摸索出来的。那时还没有化学理论体系的形成，但化学已经开始萌芽。这是化学的萌芽时期。

2. 炼丹术和医药化学时期

在 2000 多年的时间里，炼丹术士和炼金术士们在皇宫、教堂、自己的家里、深山老林的烟熏火燎中，为求得长生不老的仙丹，为求得能带来荣华富贵的黄金，开始了最早的化学实验。

这一时期，记载、总结炼丹术和炼金术的书籍都有很多。人们积累了许多化学知识，知道了许多物质间的化学变化，为化学的进一步发展奠定了基础。在化学发展史上，这是非常重要的一个时期。

历史上，炼丹术和炼金术几经盛衰，越来越多地暴露出荒诞的一面。因此到了后期，化学方法转而在医药和冶金方面得到了正当发挥。

欧洲文艺复兴时期，出版了一些有关化学的书籍，出现了“化学”这个名词。英语单词 chemistry 起源于 alchemy，后者意为炼金术，可见化学与炼金术之间的渊源有多么深了。chemist 至今保留着两个相关的含义——化学家和药剂师。语言文字上的这种衍生关系可以说是化学脱胎于炼金术和制药业的重要文化遗迹。

3. 燃素化学时期

1650～1775 年的 100 多年间，随着冶金工业和实验室经验的积累，人们总结了大量的感性知识，认为可燃物能够燃烧是因为它含有“燃素”，燃烧的过程是可燃物中“燃素”放出的过程，可燃物放出“燃素”后成为灰烬。这种观点能够解释当时的很多事实，所以在当时的化学界，“燃素说”盛行一时。

4. 定量化学时期

1775 年前后～19 世纪，拉瓦锡（Antoine-Laurent de Lavoisier，1743—1794）用定量化学实验阐述了燃烧的氧化学说，推翻了“燃素说”，开创了定量化学时期。这一时期建立了不少化学基本定律，提出了有别于古代原子论的近代原子学说，发现了元素周期律，发展了有机结构理论。所有这一切都为现代化学的发展奠定了坚实的基础。这就是我们常说的近代化学时期。

5. 现代化学时期

从20世纪开始，量子论的发展使化学和物理学之间有了更多的共同之处，这一理论解决了许多悬而未决的化学结构问题。另外，化学向生命科学渗透，解决了蛋白质、核酸、酶等生命物质的结构问题。此后，化学和其他学科的相互渗透和交叉更加突出，开创了现代化学时期。

四、化学成为一门学科

在近代化学发展史上，以罗伯特·玻义耳（Robert Boyle，1627—1691）为代表的化学家提出了较早的元素概念①，这个概念虽然与今天的元素概念还有差距，但在当时是最先进的。他认为，不应该单纯地把化学看作一种制造金属、药物等物质的经验性技艺，而应该把它看成一门科学。

我们在追溯化学发展史的时候，不应该忘记他们。这样的化学家还有近代原子学说的创立者约翰·道尔顿（John Dalton，1766—1844）和分子学说的创立者阿伏伽德罗（Amedeo Avogadro，1776—1856）。从那以后，化学就由宏观领域进入到了微观领域，对化学的研究也就进入到了原子和分子的层次上。

19世纪末，物理学上的三大发现（X射线、天然放射性和电子）

①有别于古希腊元素论的元素。

打开了原子和原子核内部结构的大门，揭示了微观世界更深层次的奥秘。将热力学理论引入化学以后，人们利用化学平衡和反应速率的概念，就可以判断化学反应的方向和限度，并将平衡态和非平衡态进行关联。物理化学的创立把理论化学提高到了新的水平。

基于量子力学建立的化学键理论，着重于分子中原子间结合方式的研究，这一理论使人类进一步了解了分子结构与物质性能的关系，极大地促进了化学与生命科学和材料科学的发展。

在这里，笔者还想强调，化学不仅仅是科学，还是不同领域、不同时代、不同文化思想交汇的产物。化学，就其本质而言，是人类与周围生活环境相协调的一种手段。巫术、宗教、文学、艺术、法律都是协调自然环境和社会环境的方式，但化学是一种理性的方式，是一种物质的方式。因此，化学具有重要的价值和作用。

第二章

现象背后的世界

现代化学家关心物质不可见的细微结构，而古代人更加关心的是一个现象的世界。

在远古时代，一个与化学反应有关的重要现象就是火。所以，我们首先从人类对火的认识和使用开始探寻。

一、火的重要性

1. 对火的早期认知

人类生活在不停运动、不断变化的物质世界中，在原始社会，大自然的许多化学现象，如森林失火、动植物的腐烂、空气和水对土地及岩石等物体的侵蚀，不断地刺激着人类的感官，这种刺激一次又一次地印入他们的脑海。这其中，人类最早有所认识并有意识地控制和利用的就是火。

2. 对火的早期利用

火山爆发、雷电轰击、陨石落地、长期干旱都是产生自然火的直接诱因。在熊熊的大火面前，动物相望而逃。火在黑暗中给人以光明，在寒冷中给人以温暖，而经火烧过的食物更为可口，并且火能驱赶猛兽、保护人们的安全。于是，人类从野火中引来了火种，使火为生活和生存服务。

这是人类支配自然的伟大开端，是人类进化历程中重要的丰碑。因为火的发现和使用对人类是如此重要，所以后来出现了许多关于火的神话传说，其中最著名的就是古希腊神话中普罗米修斯的故事了。

如果有人问，人类最早学会用火的时间距今到底有多久？恐怕没有人能够准确回答。在旧石器时代初期，人类可能已经学会了用自然界的野火作为火种。根据最保守的估计，人类知道用火约有50万年了。在周口店，考古学家在北京猿人居住的山洞中就找到了持续用火的确切证据，尽管我们并不清楚当时北京猿人是否知道如何取火。

在周口店的龙骨山北坡，北京猿人住过的洞穴中，考古工作者发现了很厚的灰层，最厚的地方约有6尺[①]，其中还有被烧过的兽骨和石块。这说明北京猿人用火已经很普遍了。

有的石块被熏黑了、烧裂了，有的甚至被烧成了石灰。在灰层中还发现了木炭。灰烬不是散漫地存在于整个地层，而是在某个部位一堆堆地分布着。这说明，它们不是自然的野火造成的，而是周口店北京猿人用火的最好物证。

一旦掌握了火，人类茹毛饮血的时代就结束了。吃熟食不但减少了疾病的发生、缩短了消化过程，而且为身体提供了丰富的营养，加快了人类大脑的进化。

3. 摩擦生火

引进天然野火要受自然条件的限制，因此保存火种就显得十分重要。不难想象，保管火种是一项多么重要、多么艰难而又危险的工作。一旦失职，当事者恐怕性命难保。

人类用火越来越广泛，终于发明了摩擦生火。摩擦生火是人类面对自然长期实践的产物。这一发现的诱因可能是，在打制石器时，发现某些石头相击会产生火星，但这种火星一闪而过，随之熄灭。要用这种火星点燃别的物质，在当时并不是一件容易的事。

后来，人们在使用木制工具时，发现枯木相互摩擦就会发热，热到一定程度，也会生成火星。这样的火星由于周围有较高的温度，出现的时间相对较长，若遇到易燃的干草之类的纤维，就能燃起火焰。于是，人们发明了钻木取火的方法。许多民族的历史或传说中都有这类方法的记载。

在中国先秦时期的典籍中，不难找到这样的例子。《庄子・杂篇・外物》里就有"木与木相摩则然"。《韩非子・五蠹》告诉我们，"民食果

① 1尺≈0.33米。

蓏蚌蛤，腥臊恶臭而伤害腹胃，民多疾病。有圣人作，钻燧取火以化腥臊，而民说之”。人们喜悦之余，尊称这样的人为圣人，崇敬之情由此可见。

钻木取火的办法在古埃及、古巴比伦、古印度等地，也沿用了相当长的时期。恩格斯在《自然辩证法》里是这样评价摩擦生火的，他说这是“人类对自然界的第一个伟大胜利”。在《反杜林论》中，他又说，就世界性的解放作用而言，摩擦生火还是超过了蒸汽机，因为摩擦生火第一次使人支配了一种自然力，从而最终把人同动物分开。

火逐渐成为人类改造自然的强大工具。在熊熊烈火中，黏土经人类之手变成了陶器，到了新石器时代，制陶业作坊已在地球上遍地开花。稍后，人类第一次从矿石中炼出了金属，青铜时代随之到来，直到铁器在人类的生产和生活中发挥作用才结束。这一过程中的每一次进步，都与火有密切的关系。

4. 火的奇迹

在古希腊，火被认为是四大元素之一。而人类与火的关系非常特殊。在人们的生活经验中，火是世界上最不可缺少的东西之一。

在火中，物质能够以不可预测的方式发生变化，给我们一种类似于炼金术的感觉。这是因为火本身含有能量，能量的变化在其中起着至关重要的作用。

辰砂有一个特点，就是温度越高，其变化越剧烈。辰砂可以变为水银，经过许多次变化之后，可以再变回辰砂，因此它可以使人体验“永恒”。

这是中世纪炼金术士的典型实验，他们在观察这样的实验时会产生敬畏感，从中国到古希腊，到阿拉伯世界，再到欧洲各国，莫不如此。他们对红色的辰砂加热，热使硫化物分解，只留下神秘而美丽、形似珍珠的银色液体（水银），这使他们大为惊讶。

水银在空气中加热时，会与空气中的氧气发生反应，变成红色的氧化物。这种氧化物可以再次变为水银，从红色变为银色。这些都可

古代社会的钻木取火

以通过加热的办法实现。

今天看来，这种实验本身并没有什么重要的意义。但在古代，这却是划时代的发现。硫化物与水银正是1500年前的炼金术士们认为的构成宇宙之物的东西。这个实验的确显示出了重要的信息。那就是，火不仅具有毁灭性，还可以促成变化。这就是火的魔力。

希腊神话中的普罗米修斯为人类带来了火种，并使人类变得神通广大，这就是众神惩罚普罗米修斯的原因。

不同的人群曾利用火达到过同样的目的（保暖、驱赶天敌、烧荒耕种），做过日常生活中简单的事情（如煮饭、使木头干燥和变硬、加热和破碎石头）。当然，人类文明深入发展的伟大创举是，借助火发明了全新的物质——陶瓷和金属。这是人类实用技术上的巨大进步，是人类文明历程中迈出的关键一步。

人类学家常常把火的使用与石器的发明相提并论。火使人们对世界的认识更加深刻，人类也在使用火的过程中发现了一种可以分离物质的捷径和工具。物质的结构通过熊熊燃烧的火变得更加清晰。

二、黄金的梦想

人类最早知道的金属之一大概就有黄金，这是因为黄金的性质极其稳定，在自然界中以游离态的形式存在，远古时代的人类可能偶尔会在野外捡拾到一小块黄金。黄金不仅稀少，还有迷人的外表。自古以来，黄金一直令人着迷，那闪闪发光的金黄色总是有一种诱惑力。

起先，黄金仅仅因为好看而被人们当作玩物。黄金的这种品性一直延续至今。在人类文明的历程中，黄金牢固地确定了自己的独特价值。直到后来，人们才在其他方面找到了黄金的价值，一种是做装饰，另一种是充当交换的媒介。黄金对人类文明进程的影响绝对不可以被忽略。

1. 与黄金有关的神话传说

纵观人类的文明史，我们发现，人类从自然界中得到了黄金，在后来的社会发展中，黄金的价值越过了一个又一个高峰，人类社会却越来越远离曾经的“黄金时代”。

为什么黄金在整个文明史中产生了如此深远的影响呢？这绝不是几句话就可以回答清楚的。自新石器时代以来，黄金就成为财富的象征。它不仅代表富有，还日益渗透在人们生活的每个领域。

很多民族的文学作品中有赋予黄金神奇属性的大量例证。古印度人认为，黄金从太阳那里获得了美丽的颜色和光泽，迸发出太阳的光辉。人们还认为，黄金是生命和生育的源泉。在埃及神话中，哈托尔女神不仅具有闪闪发光的金身，还具有黄金般的内质。更重要的是，她是生命的孕育者。据说南方的努比亚是她的行省，而那里是出产黄金的地方。一条以贝壳为模型且带有黄金垂饰的项链是天神送给她的礼物。

在古希腊，也有一位类似于哈托尔的女神——阿佛洛狄忒。《荷马史诗》中曾提到过她，她的纯洁和高贵在于她具有黄金的秉性。

2. 黄金的价值与日俱增

阅读黄金制品代表性的收藏，就如同走进了一段文明。公元前 6 世纪波斯人阿奇门尼德的仪式所用的黄金罐，公元前 4 世纪古希腊的黄金蛇胸针，古罗马人的黄金蛇项链，8 世纪波斯人酋长的黄金饮水碗，9 世纪秘鲁前印加王的仪式所用的牛头黄金刀，16 世纪英国上釉的黄金玫瑰园，17 世纪阿比西尼亚人阿布纳的三层黄金皇冠，等等，记录了古今文明中黄金的重要价值。在我们的现代生活中，黄金仍然扮演着类似的角色。

西班牙人去了秘鲁，黄金和香料是他们的主要目标。印加帝国的贵族们收藏黄金，就如同今天我们普通人收藏邮票一样。在人们的观念里，当黄金象征财富、影射尊严、代表权力的时候，人类的价值取向已经越过了一个又一个极限。

“真金不怕火炼”这句话让我们知道，黄金有一种品质使其与众不同。人们可以借此进行实际的检测和化验，从中可见黄金的化学性质不活泼。正因为如此，自古以来，黄金断断续续地被用作货币。

17 世纪初，弗朗西斯·培根就教我们怎样去识别黄金。他说，黄金具备以下特性：重量大，密度大，易固定，柔顺，手感好，不生锈，有金黄的光泽与色度。如果有谁能制造出具备这些特性的金属，那我们就要来讨论一下，看看到底是不是黄金。

在测试黄金的多种传统方法中，有一种方法，尤其是判断的结果，易被人感知。这就是利用灰皿提炼法进行的精确测试。首先将试金用的灰皿放在炉子里，升温到比纯金所要求的高得多的温度。然后将含杂质或浮渣的金块放入试金用的灰皿中熔化（黄金的熔点为 1000℃多一点，跟铜差不多）。最后杂质或浮渣会从黄金中分离出来，并被吸附到容器的炉壁上。

3. 点石成金

古代化学科学思想体现在很多方面，如陶瓷技术制造与合成有用金属的技术、炼金术等。炼金术的规模小一些，不针对日常用途，而且包含相当多的猜测性理论。炼金术士多关心一种特别的金属——黄金。

在中世纪的欧洲，炼金术士们在实验室里汗流浃背、满身油烟地工作着，他们的唯一目的就是“点石成金”。他们的行为基于一种不朽的信念——贱金属经由他们之手可以变成贵金属。虽然他们的思想荒谬，但他们的实验本身却是一种对未知世界的探索。

炼金术士的梦想是制造出人工合成的黄金，并通过检验，验证其是否真正具备黄金的品性。我们关于炼金术能够找到的最早的一份书面参考资料只有 2000 多年的历史，来自中国。它告诉人们如何制造黄金，如何利用黄金来延年益寿。

黄金很宝贵，是一种稀有金属。但对于炼金术士来说，黄金之所以很宝贵，是因为黄金有不“坏”之身。当时已经了解的酸和碱都无法腐蚀它。这的确也是炼金术士们经过实验所得出的结论。

对炼金术士来说，黄金就代表了人类身体里永恒的“火花”。他们千方百计地寻找制造黄金、永葆青春的万能药。按照炼金术士的看法，黄金是“永恒”的符号，是不坏之身的象征，在理想和现实的世界里都是如此。

因此，当炼金术士努力将贱金属变成黄金的时候，他们希望将会朽坏的东西变成不可朽坏的东西。他们想从常见物体中抽取出具备永恒意义的东西，这与寻找长生不老药的梦想是同一性质。

在古代，大部分长生不老药里面都含有黄金，将黄金作为其基本的成分。而炼金术士也热切地劝皇帝和贵族用金制的杯子喝水、吃饭，以达到延年益寿的目的。

三、炼金术的启示

炼金术从一开始就是一种解释世界如何跟人类彼此关联的学说。当时，物质与过程、元素与作用之间并无差别，因此，炼金术当中的元素也就对应着人类性格方面的描述。在他们的工作当中，存在着一种深刻的理论，这个理论最早是从古希腊人关于地、火、气与水的想法中形成的。

对于当时的炼金术士来说，人体的微观世界与自然的宏观世界之间存在着某种感应关系。大规模的火山爆发就如同开了锅；暴风雨像人的一阵哭泣。在这些表面类比的下面，是一些更深层次的概念，也就是说，自然与人体都是由同样一些材料构成的，或者有同样的本原，具备同样的元素。

对于炼金术士来说，共有两种类似的本原。一是水银，它代表任何密实和永久的东西。另外一个是硫化物，它代表一切可燃烧和并非永久的东西。所有的材料，包括人体在内，都是从这两大本原中造就出来的，因此也可以用这些本原重新塑造。

例如，炼金术士认为，所有金属都是在地底下通过水银与硫化物而生长出来的，就如同骨头是通过卵而从胚胎里面生成一样。他们打的这个比方是当真的。今天的医学还有用这类象征法的例子。我们今天仍然用炼金术士表示铜的那个符号来代表女性，表示柔软性的东西是金星。我们用炼金术士表示铁的符号来代表男性，表示坚硬的东西是火星。

今天看来，这是一种相当天真的学说，是寓言与虚假比喻的混合体。但是，我们的化学就是从如同儿戏一般的炼金术中发展起来的。每一种学说全都基于某种比拟，他们的学说迟早会失败，因为这样的比拟后来证明是错误的。

第三章

从炼金术到化学

炼金术是人类古老的梦想之一，古代人希望借助火的力量炼出闪闪发光的黄金，结果梦想没有成真，却从熊熊“烈火”中诞生了一门科学——化学。这也算是“无心插柳柳成荫”了。

14 ～ 17 世纪，资本主义生产方式在欧洲社会兴起，与此相适应，思想文化和科学技术方面也发生了重大的变革。这就是文艺复兴时期。

这一时期，采矿、冶金、酿造、染色、制药等化学生产部门获得了较以前更大的发展。因此，摆在人们面前的任务不只是炼金术，更重要的是实用化学和工艺。

炼金术的实用化促进了医药学和矿物学的发展，相关知识的积累最终促成了化学的诞生。从此，像数学、天文学、物理学一样，化学成为人们认识世界、开阔视野和解决实际问题必须要研究的学科。这时期的欧洲化学开始向两个方向发展，一是医药化学，另一是冶金化学。

一、曙光初照

15 世纪末 16 世纪初，科学思潮在阿拉伯世界衰落，在欧洲掀起了新的高潮。化学方面也兴起了一个新的研究方向，这就是“医药化学”（iatro-chemistry）。医药化学的兴起被学者们认为是欧洲化学史新阶段的开始，是有其时代和历史背景的。

这一时期，在西欧和中欧的一些国家里，封建社会内部孕育的资本主义生产方式产生萌芽并逐步发展。资本主义生产方式的发展，打乱了中世纪城乡的生产关系，动摇了欧洲封建制度的基础。新的生产方式的确立及发展，使得与这一基础相适应的上层建筑也随之萌芽和发展。这意味着，一个思想体系和科学文化变革的时代正在到来。欧洲社会也因此处于大变动的历史时期。

在地理环境及经济方面，美洲新大陆的发现和环绕非洲好望角新航路的开通，航海术和商业贸易的发展，以及与东方各国技术、经济和文化交流的扩大，在很大程度上促进了欧洲资本主义生产方式及与之相适应的科学技术的迅速发展。

早前的神学和中世纪的经院哲学所倡导的神圣不可侵犯的权威、传统和信条，再无法继续束缚人们的思想，而且越来越成为批判的对象。这一时期，出现了许多出色的启蒙人物，他们在哲学、文学、艺术等领域掀起了一股又一股新的思潮，促进了这些领域的学术繁荣。这一时期曾被西方史学家们称为“文艺复兴”时期。“文艺复兴”不仅仅包括文学和艺术，也涵盖了经济和科学技术等领域。

资本主义生产方式的兴起促进了工业的发展。随之而来的是，近代自然科学的兴起。科学的曙光就在面前，因为自然科学的兴起迎合了新思想的需要，也符合新兴资产阶级的利益。

自然科学的发展首先应归功于生产。正是由于对手工业和新兴的工场手工业各生产部门中的技术实践做出理论概括后，自然科学的各个领域才有了兴起的可能。

针对这一情况，恩格斯在《自然辩证法》中提到：“从十字军远征以来，工业有了巨大的发展，并且产生了很多力学上的（纺织、钟表制造、磨坊）、化学（染色、冶金、酿酒），以及物理学上的（眼镜）新事实，这些事实不但提供了大量可供观察的材料，而且自身也提供了和以往完全不同的实验手段，并使新工具的制造成为可能。可以说，真正有系统的实验科学，这时候才第一次成为可能。”

二、挑战传统

在当时的自然科学中，率先向旧体系发难的是天文学。哥白尼（Nicholas Copernicus，1473—1543）以其不朽的作品《天体运行论》，向托勒密的地心说提出了挑战。我们知道，在神权超越学术的年代，这是需要很大勇气的。其后，开普勒和伽利略等继承了哥白尼的事业，为近代天文学体系的形成奠定了科学基础。接着是力学、光学和数学等领域出现了一系列创新。

文艺复兴时期，炼金术向三个方向发展：①继续传统的“点石成金”术；②将炼金术知识应用于医药方面，形成了所谓的医药化学运动；③将炼金术知识应用于矿物冶炼方面，形成了早期的矿物学和冶金化学。

在这种情况下，化学也在两个领域令人耳目一新。首先是在医药化学领域做出的突破。这种新局面的出现，不断蚕食着传统炼金术的“地盘”。这一时期，有更多的医生转而研究化学，他们不是用草根树皮，而是用化学方法制成的药剂（主要是无机物）来治病。接着是由格奥尔格·阿格里柯拉（Georg Agricola，1494—1555）、毕林古乔（V. Biringuccio，1480—1539）等在冶金领域开辟了新的研究方向，即冶金化学。

这时，一些学者不再以制造“哲人石”或长生不老药为目的，而是着重研究物质的化学变化。尽管这时仍有一些执迷不悟的炼金术士在火炉旁劳作，但他们的行为不再像以前那样普遍被人们迷信。越来越多的化学家转向生产实践，为发展冶金和医药化学而工作。

世界化学史把这一时期的欧洲化学概括为“医药化学”。实际上，

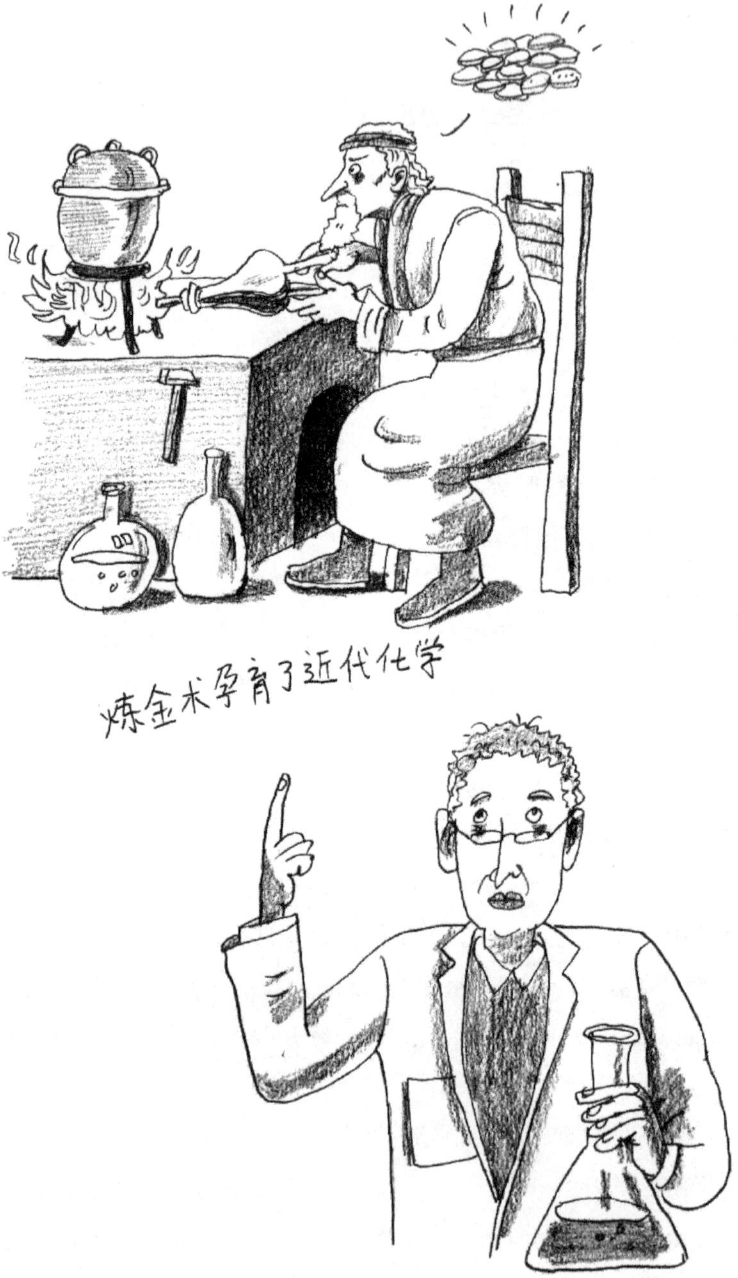

古代社会的炼金术

正如“文艺复兴”一词一样，“医药化学”的提法也存在着片面性，没有反映出这一时期化学的全貌。因为除了医药化学之外，这一时期的冶金化学也是相当重要的。

这时期的学者常常涉猎许多研究领域，其中不少人对化学产生了浓厚的兴趣。达·芬奇（L. da Vinci，1452—1519）虽然以艺术家、建筑学家、医生著称，但也是值得一提的化学家。从他的遗著中我们知道，他发现空气有重量，指出物质燃烧时按一定比例吸收空气，还绘制了一些有趣的仪器装置。

三、帕拉塞尔苏斯其人其事

1. 梦想的超越

当时，固守阵地的炼金术士把矿物质引入医学。旧的炼金术逐渐向新的炼金术转变，并一路发展到现代化学——化学疗法、生物化学、生命化学，建立了一个又一个的里程碑。

帕拉塞尔苏斯（P. A. Paracelsus，1493—1541）就是这么一个人。“帕拉”是超越的意思，“塞尔苏斯”是古罗马时代一位著名医生的名字。因此，他的主要目的是表示自己对塞尔苏斯及其追随者的超越，从中可见其志向的远大。

1500 年，古典作家的作品仍然被认为是包含一个黄金时代的楷模，其中充满了极高的智慧，在医学、科学和艺术领域都是一样。

帕拉塞尔苏斯 1493 年 5 月 1 日出生在瑞士，父亲是移居瑞士的德国医生，因此他从小受到了医学和化学知识的熏陶。1510 年，他进入巴塞尔大学学习，并开始周游欧洲各国，几年后在意大利的费拉拉大学取得了医学博士学位。意大利是文艺复兴的发源地，这样的背景对帕拉塞尔苏斯产生了深刻的影响。

1527 年，他被任命为巴塞尔大学的医学教授。但他不用当时流行的拉丁文而用德文讲课，引起了非议。他自负而又傲慢，说话也很尖刻。帕拉塞尔苏斯非常蔑视当时被人们奉为权威的古罗马医学大师盖伦（Claudius Galenus，129—199）。有一次上课时，他把盖伦的著作连同硫黄和硝石一起放在黄铜盘子里烧了。这些过火的举动引起校方的不满。在受聘任教的次年，他便被解聘了。

他不得不离开巴塞尔，此后一直在德国、奥地利等地自由行医。1541 年 9 月 24 日，他在奥地利的萨尔茨堡去世。由于生前树敌太多，他的著作直到其逝世 20 年后才得以问世。著作一出版，他就赢得了众多的追随者。

帕拉塞尔苏斯还是炼金术的信奉者。例如，他相信可以从矿物中提取到使人长生不老的药物，他相信可以将贱金属炼成贵金属，他也相信能制出“哲人石”。他大大扩展了炼金术的概念，也丰富了其内涵，使其包括一切化学过程。他给炼金术下的定义是“将不纯净物质变成纯净物质的技艺”，而且主张用炼金术制取满足人们需要的东西，尤其是在医药领域。

帕拉塞尔苏斯在医学上的主要贡献是引进矿物质作为药物。从前人们主要用植物作药，用无机矿物质治病是一大创举。为了制药，帕拉塞尔苏斯系统考察了许多金属的化学反应过程，并总结了这些反应的一般特征，这在化学发展史上具有重要的意义。他带给后来者的一个重要启发是，通过实验可以发现物质的化学性质，再根据其化学性质对物质进行分类。

帕拉塞尔苏斯不反对亚里士多德的四元素（地、水、火、风）说，但他认为，在人的身体里起作用的实际上是硫、汞和盐这三种元素。硫代表可燃性物质，汞代表流动性物质，盐代表固定的实体，分别对应着人的精神、灵魂和肉体。

他认为，物质中某一种元素成分的比例不同，该物质的性质也会随之发生变化。据说他第一个发现了锌，并认为它是“劣等金属”，因为当时还不知道它的实际用途。

2. 不迷信偶像

帕拉塞尔苏斯在从事医疗实践工作和医学教育的同时，致力于著述活动。由于性格和处事风格的原因，他几乎是当时学术界所有学说的死敌。帕拉塞尔苏斯跟他同时代的传统思想和医学理论不屈不挠地斗争了一辈子，有些时候他饱尝痛苦。

他是第一个确认工业病的人。他的头脑永不干涸，存在着互相矛盾的理论，这也是令人震惊的。他喜欢拉伯雷式的粗俗幽默，喜欢冒险，性格不羁，有着丰富的阅历。在早期的科学史中，他被认为是骗子。但他不是骗子，而是兴趣广泛的天才。

帕拉塞尔苏斯讲求实际，明白病人的治疗取决于诊断，也取决于医术。他打破了治病的传统。以前，医生是有学识的炼金术士，通过阅读非常古老的书籍来指导助手，而可怜的病人需要接受助手的治疗。

1527 年，在巴塞尔，伟大的清教徒、人道主义印刷家乔安·弗罗本尼亚斯得了严重的腿患，眼看就要被截肢了，他在绝望中找朋友伊雷斯玛斯帮忙。伊雷斯玛斯将他送到了帕拉塞尔苏斯那里。帕拉塞尔苏斯保住了他的腿。帕拉塞尔苏斯开创了一种风靡欧洲的新疗法。

在探索医学和化学的过程中，出现新的打破偶像的思想并非偶然，这在时间与空间上与马丁·路德（Martin Luther，1483—1546）在 1517 年发动的新教运动不谋而合。那个历史时代的中心就在巴塞尔。人道主义早就在那里流行起来，新教运动之前便开始了。

当时的巴塞尔大学以民主传统著称，因此尽管那所大学医学系的人对帕拉塞尔苏斯不屑一顾，但是校方还是允许他去教学。

帕拉塞尔苏斯公开把亚里士多德的阿拉伯跟随者阿维森纳的一本古典医学教科书扔到了火堆里。帕拉塞尔苏斯的偏激和极端由此可见。由于他的一些言论，盖伦和阿维森纳的学说受到很大的冲击。

欧洲正在发生剧变，甚至比马丁·路德掀起的宗教和政治改革狂潮还要猛烈。决定命运的时刻就在眼前，1543 年，三部著作的出版改变了欧洲人的思想。

第一部是帕多瓦大学解剖学家安德烈亚斯·维萨留斯（A. Vesalius，1514—1564）的7卷本巨著《人体结构》，这部著作奠定了近代解剖学的基础。在16世纪，人体解剖是理发师做的工作而不是医生的事情，维萨留斯打破了惯例，亲自动手做人体解剖，研究人体结构并进行教学活动。为了得到一副完整的人体骨骼，维萨留斯多次到绞刑架上去行窃。

第二部是阿基米德的数学与物理学著作的希腊文首译本。文艺复兴时期，知识界掀起了一股热潮，那就是重新发现和传播古希腊文化，从中汲取古希腊的思想和科学知识。按照怀特海的说法，除数学外，1500年的欧洲人知道的东西还不如公元前212年去世的阿基米德多。文艺复兴时期的人们从阿基米德那里探宝就是自然而然的事了。阿基米德提供给16世纪的欧洲人一种完全不同于亚里士多德的思路，改变了他们头脑中的世界图像。比如，在亚里士多德体系中，物体的本性是静止不动，人们却发现阿基米德有不同观点。于是，人们开始思考，如果物体的本性是保持沿直线运动，将会出现什么情况。奇迹或许就在思考的一瞬间发生。

第三部是尼古拉斯·哥白尼的著作《天体运行论》。哥白尼出生于维斯杜拉河畔的托伦城，在克拉科夫大学读了三年书，后来又到意大利的波洛尼亚、帕多瓦和斐拉拉大学学习。在大学期间，他养成了用天文仪器观察天象的习惯，对数学和天文学产生了浓厚的兴趣。在《天体运行论》中，哥白尼将太阳放在天空的中心，从而引起科学革命。他曾经说，在人类智慧所哺育的名目众多的文化和技术领域，我认为必须用最强烈的感情和极度的热忱来促进对最美好、最值得了解的事物的研究。这就是探索宇宙的神奇运转，星体的运动、大小、距离和出没，以及天界中其他现象成因的学科……难道还有什么东西比包括一切美好事物的苍穹更加美丽的吗?

3. 善于创新

帕拉塞尔苏斯是欧洲医药化学中著名的代表人物。在这以前，欧洲医药界一直把两大名医［盖伦和阿维森纳（Avicenna，980—1037）］

的学说奉为神圣不可侵犯的权威。盖伦是2世纪古罗马帝国的医生，和阿维森纳一样，在理论上信奉亚里士多德的四元素说。但盖伦只注重药物的药理性质，而不注重其化学性质。很长时间以来，医药界都是沿着盖伦和阿维森纳的旧轨发展。在那种环境下，创新和突破几乎是不可能的。

帕拉塞尔苏斯的出现使这种局面被打破。帕拉塞尔苏斯脾气倔强、性格古怪，但敢于坚持真理。对旧理论的怀疑和批判其实反映出他非常可贵的品格。

帕拉塞尔苏斯的贡献就在于，强调医生注意研究药物的化学性质，学习有关这方面的知识，而不是盲目用药。但当时化学研究多操之于炼金术士之手，因此帕拉塞尔苏斯向医生们疾呼，应当专门研究化学，并把化学知识应用于医疗实践中。他认为，研究化学的目的不在于"点石成金"，而应当是制药。

在医疗实践中，帕拉塞尔苏斯大胆使用一些无机药物作内服或外用，他使用的药物含有汞、锑、铁、砷及其化合物等。

有些药物并不能从自然界取得，只能用化学方法制取。帕拉塞尔苏斯为了制造或提纯化学药物，进行了许多化学实验，完成了许多无机物之间的化学转变。他在有关化学的著作里介绍了一些新药物的制备。他区分了白矾和蓝矾，提到了二氧化硫的漂白作用，描述了铁粉与硫酸作用的现象，还用alcohol来表示酒精。他建议采用不同重量的物质进行化学实验，因为"重量是不会骗人的"。

帕拉塞尔苏斯的思想在哲学上属于新柏拉图主义，认为所有物质都含有可见的和隐藏不可见的两种属性。在他看来，物质与非物质世界之间有一种过渡性的东西，它们具有实体和精神两种属性。

4. 身后影响

帕拉塞尔苏斯去世后，他的学生和追随者们继承和发展了他的学说。帕拉塞尔苏斯学派的这些努力唤起了许多医生转向化学研究，从而推动了化学研究向为医疗实践服务的方向发展，这比起把化学研究只局限于炼金术来说，显然是一大进步。帕拉塞尔苏斯学派在欧洲的影响长达100多年，甚至到18世纪前半期，一些化学家还是药剂师出身。

帕拉塞尔苏斯学派过度地使用强烈化学药物的做法，受到越来越多医生和化学家们的反对，其中应特别指出的是李巴维（Andreas Libavius，1540—1616）。他是一位德国医生，一生中的多数时间在从事化学药物制造。他在承认化学对医学的重要性的同时，着重指出了帕拉塞尔苏斯及其追随者在用药上的缺陷。

他的著作以“医药化学作品全集”为名，共出版了三卷，总结了自己多年的实验及研究心得，为医药化学增添了不少新内容。

例如，他证明，硫在硝石里燃烧制得的硫酸，和蒸馏白矾与蓝矾得到的硫酸一样。他还首先将锡与氯化汞加热，从而制得氯化锡。他发现铜化合物溶液与氨作用时显现翠蓝色。实际上，他看到了我们今天所熟知的铜氨配合物。李巴维在他的著作中记录了化学实验的设计图及修改计划，这对于我们今天了解那个时期的化学操作是难得的材料。在理论方面，李巴维并没有提出新观点。他既吸取了帕拉塞尔苏斯的观点，也吸取了阿拉伯药剂师和哲学家贾比尔（Jabir，607—697）的观点。

四、赫尔蒙特和他的“柳树实验”

这一时期的另一位代表人物是布鲁塞尔医生兼化学家约翰·巴普蒂斯塔·冯·赫尔蒙特（Jan Baptist van Helmont，1580—1644）。像其他医生一样，赫尔蒙特在欧洲作了广泛旅行，旅行后仍感到当时医药化学知识相当贫乏。因为当时人们还主要借助于草木药治病，而不是较多地利用化学药剂，因此他决定要努力改变这种局面。

1580 年，赫尔蒙特出生于比利时布鲁塞尔的贵族家庭。青年时代，他曾在鲁汶大学学习，并在那里接触了大量古典著作。1594 年，他离开鲁汶大学。之后，他去欧洲旅行并学习医学。1609 年，他在鲁汶大学取得医学博士学位。

毕业后，赫尔蒙特在家里做化学实验，自称“火术哲学家”，实际上他更像化学家。在定量实验方面，他是那个时代贡献最大的人，玻义耳每次提到他都赞不绝口。在科学史上，他是从炼金术向化学过渡时最重要的人物。

在哲学思想方面，他不同意亚里士多德的四元素说，也不同意帕拉塞尔苏斯的三元素说。在他看来，火和土都不是物质的基本成分，火根本没有物质的外形，而土可由水生成。虽然气是一种元素，但不能变成其他形式的物质，所以也不是基本成分。只有水才是所有化学物质的基础。

他说，事实上，包括盐和黏土在内的一切有形物体都只是水的产物，而且都可以再由自然界或者人工方法还原为水。为了论证古希腊自然哲学家泰勒斯关于“万物源于水”的哲学命题，赫尔蒙特设计并动手做了许多实验，其中最著名的是“柳树实验”。

“柳树实验”的过程如下：赫尔蒙特用一个瓦盆盛上 200 磅[①] 干燥的土，然后用水浇湿，种上 5 磅重的柳树干。五年后，柳树干长成了 169 磅 3 盎司多的大树。他重新将瓦盆里的土加以干燥，发现原来的土只减少了 3 盎司。这样一来，新长出的 164 磅重的树干、树皮、树根只能是由水产生的了。

因此，赫尔蒙特认为柳树增加的重量只能来源于水。今天看来，对这个实验结果的解释显然是错误的，因为空气中的二氧化碳和土壤中的矿物质也进入了植物系统。但在当时，却有十分重要的意义。这一实验的重要意义就在于，他在化学研究领域开创了定量实验。

① 1磅≈0.454千克。

万物源于水

赫尔蒙特的另一重要贡献是提出了“气体”的概念。从前的人们只知道空气，因此说到“气”时指的就是空气，正如生活中人们说到“盐”指的就是食盐一样。但赫尔蒙特认识到，气体实际上是一类物质的总称，包括许多种不同的气体。例如，动物排泄物发酵所得到的是“肥气”，它可以燃烧；木头燃烧得到的是“野气”，它可以使火焰熄灭。他所说的“野气”就是今天我们所熟悉的二氧化碳。

除此之外，赫尔蒙特还发现了氨气，区别了蒸汽和气体。这时期的其他医药化学家也做了许多化学研究。他们的研究结果大大丰富了化学的内容，积累了更多的科学材料，为化学的进一步发展做了准备。

在理论上，他认为，物质的最基本的原始元素是水，其次是空气。于是，他又回到了古希腊哲学家亚里士多德（Aristotle，前384—前322）的观点上去了。他在证实这种观点时指出：几乎所有物质在灼烧分解后总是析出水。

五、近代矿物学之父——阿格里柯拉

与帕拉塞尔苏斯同时代的德国医生阿格里柯拉是另一位有名的化学家，他还是冶金学家。阿格里柯拉的德文姓名是乔治·鲍埃尔（Georg Pauer），Pauer在德文中是“农夫”的意思，因此在拉丁文文献中，其姓名就被译为Agricola（拉丁文中也作“农夫”解）。

阿格里柯拉1494年出生于德国的萨克森，1518年毕业于莱比锡大学，随后在意大利的费拉拉大学学医。受同代人帕拉塞尔苏斯的影响，他对矿物开采、金属冶炼及与此有关的化学有浓厚兴趣。

此后，利用在矿区行医的机会，他系统地考察了采矿和冶金业，深入现场作了广泛调查，并进行了十分详细的研究。在此基础上，阿格里柯拉完成了一生中最重要的一部巨著《论金属》。该书于1556年出版，这时他已经去世一年了。

书中总结了当时采矿工人的实践经验，记述了从罗马时代的普林尼（Plinius）以来的欧洲学者所掌握的采矿方法和冶金知识。该书在当时是这方面权威的工具书，配有精致的插图，因此极受欢迎。阿格里柯拉因此赢得了“近代矿物学之父”的美称。

阿格里柯拉在研究矿物学和冶金学过程中，除现场调查外，还参考了以前的许多文献。例如，他在1546年写作《古代冶金学与新冶金学》时，参考了古希腊文文献、拉丁文文献。他的《论采掘物的性质》一书共10卷，第1卷讲述各种矿物的颜色、光泽、味道、形状及固体矿物的其他特征，并把矿物分为五大类——土类、石类、固化浆类（矾、盐等）、金属类及“混杂物”。第2～第8卷讲述了各种矿物的冶炼技术。第9、第10卷叙述各种矿冶炉设备。

阿格里柯拉的《论金属》共12卷，该书对寻找矿脉、开采矿石以及从矿石中冶炼各种金属、分离金属的方法，都做了详细的叙述。第1卷是总论；第2卷讲述矿业师必须具备的知识、采矿的准备、矿脉的发现，里面涉及地形、地质结构、性质、水、道路、气、产权等内容；第3卷讲述矿脉、地层龟裂及岩层；第4卷讲述矿区测量、矿业师的职务分工及矿山区划；第5卷讲述矿脉开凿及矿区测量技术；第6卷讲述矿山用具及机械，介绍了当时较先进的齿轮起重升降机等；第7卷讲述矿石试验法，介绍试金术；第8卷讲述矿石的选择、粉碎、洗涤及焙烧方法，主要是矿石溶解前的作业；第9卷讲述矿石溶解法，介绍了溶矿炉及矿石制炼法；第10卷专讲贵金属及非金属的分离法，介绍了金属分离及精炼银的技术；第11卷介绍了将金、银从铜、铁中分离出来的方法；第12卷讲述了盐、碱、明矾、矾石、硫、沥青及玻璃的制法。

《论金属》中，与化学有关的部分主要集中在第9～第12卷中，其中对金、银、铜、铁、锡、铅、汞、锑、铋等金属的制备、提纯和分离过程作了清晰的描述。例如，在分离金、银时，书中介绍了强水法，即将明矾、硝石等一起蒸馏而制得硝酸，然后将银溶解。分离金、铜是将混合物与硫黄共烧，铜与硫化合成硫化铜，从而与金分开。分离银与铜，是利用铅制成铅铜合金的方法实现的。

《论金属》一书摆脱了炼金术的束缚，用生动简洁的语言描述了当时欧洲（特别是德国）的矿冶技术的实际过程。书中含有丰富的化学内容，是矿冶技术及化学工艺操作者的必读手册。阿格里柯拉的贡献在于，从文献和实际调查两方面着手，对欧洲手工业矿冶生产的全过程作了系统的叙述。从某种意义上说，这部书的历史作用相当于中国明代宋应星的《天工开物》。所不同的是，《天工开物》还涉及了农业和其他生产部门。

六、勇于实践

比阿格里柯拉稍早些的意大利人毕林古乔是一位实践化学家，也是与帕拉塞尔苏斯同时代的欧洲化学新方向的代表人物。他的一生是在意大利和德国度过的。毕林古乔早年是铸造武器的工匠。1529 年，他曾在意大利佛罗伦萨铸造过重量达 6 吨多的大炮。在朋友的帮助下，他的著作《烟火术》于 1540 年出版。这本书问世后，受到同行极大重视。阿格里柯拉在写作《论金属》时曾参考了这部著作，如在叙述造强水及玻璃等条目时，参考了相关章节。

毕林古乔的《烟火术》共 7 卷，配有有趣的插图，主要叙述用火的各种生产技术。书中的内容主要包括以下几方面：①对自然界矿物形成过程的看法；②重要矿物原料的开采，硫黄及其他一些矿石的制法；③矾类、砷及其化合物、盐类、玻璃、矿物（硼砂、磁铁、宝石等）的介绍；④各种金属的冶炼、铸造、加工及分离；⑤烟火制造技术。毕林古乔对炼金术持批判态度，指出金属是不能相互转化的。

像阿格里柯拉和毕林古乔那样，这一时期转向化学生产实践的学者还有巴利西（B. Palissy，1510—1589）。巴利西是法国人，没有受过正式教育，是自学成才的典型。在父亲的指导下，他自幼就研究玻璃（各种有色玻璃及无色玻璃）的生产方法。他在法国各地广泛旅行，获得丰富见闻。后来，他见到了从意大利运来的涂有釉的瓷器，于是决定探寻制造白瓷和釉瓷的奥妙。制作瓷器是中国古代的一项技术发明，到了明、清之际，技术已高度成熟，瓷器远销到欧洲各国。但当时欧洲真正掌握制瓷技术的人少之又少，巴利西却是其中之一。

巴利西花了 16 年的时间进行各种相关实验。1550 年，他终于制成釉瓷器皿。他写了不少著作，其中在《论金属和炼金术》中他激烈地提出了反对炼金术的意见。巴利西重视实践，以试验和观察的现象为依据，这样的学术思想在当时是原创性的。除了玻璃、釉瓷外，他还研究了农业化学。

接下来走进我们视野的是德国著名的化学家格劳贝尔（J. R. Glauber，1604—1668）。他是一个理发匠的儿子，青年时代在漫游和自学中度过，后来到荷兰的阿姆斯特丹研究化学。他最著名的作品是《新的哲学炉》，出版于 1648 年。

在这本书中，格劳贝尔展示了许多新的实验仪器、设备和实验成果。例如，他在书中叙述了制造纯度较高的硝酸和盐酸的方法，即将矾类和硝石或食盐（制盐酸用）蒸馏。他发现，反应的关键在于生成硫酸，由硫酸再与硝石或食盐作用而生成硝酸或盐酸。格劳贝尔用这种方法制成纯度较高的硝酸，同时得到副产物硫酸钠（芒硝）。硫酸钠具有引发腹泻的作用。他在研究硇砂与石灰的作用时，发现加热其混合物，生成的是氨气。

格劳贝尔在他的著作中叙述了酸与金属及无机矿物质的作用。他根据金属在酸中的溶度来判断酸的强度，并用它们对酸的亲和力来解释金属的溶度。此时，他制出不少新的硫酸盐、硝酸盐及金属的氯化物。格劳贝尔在其著作中还提到了有机化合物。他证实，在干馏木材时能生成醋酸及其他物质，在干馏煤时能得到焦油等。他还用酸从植物中制取吐酒石，即酒石酸锑钾。这一系列研究成果极大地丰富了当时人们的化学知识。

七、近代化学的诞生

1627年1月25日，玻义耳出生在爱尔兰伍特福德的利斯莫尔城堡，贵族家庭背景使他受到了良好的教育。8岁时，他进入英国的贵族学校伊顿公学学习。他是一位神童，当时就已经会希腊文和拉丁文了。

11岁时，他随同家庭教师周游欧洲，逐渐接触到伽利略和笛卡儿的著作。他还未成年父亲就去世了，给他留下了一份遗产。1654年，玻义耳移居牛津，结识了胡克（Robert Hooke，1635—1703）并收其为助手，关于压缩空气的实验就是在这段时间进行的。1668年，玻义耳移居伦敦，建立了私人实验室，从事化学研究。在此期间，他完成了许多化学实验和理论著作。1691年，玻义耳在伦敦去世。

玻义耳最重要的化学著作是1661年出版的《怀疑的化学家》。这本书的出版标志着近代化学的诞生。从那之后，炼金术从人们的视野里淡出了。那个时代的其他化学工作者虽然在物质分类和定量实验方面做了很多工作，但他们的工作依然是以实用为目的，即注重于医药筛选和矿物应用。

从玻义耳开始，化学成为一门理论科学。它已经不是制造贵重金属或有用药物的经验技艺，而成为自然哲学的分支，开始在思维领域发挥自己的作用。这是玻义耳对化学的重要贡献。

在对物质及其组成的认识方面，玻义耳不同意亚里士多德的四元素说，也反对帕拉塞尔苏斯的三元素说。在他看来，万物只由几种元素组成的思想是不可靠的，这就好像读一本密码书，只认识里面的几个字母而进行破译一样，是不可能的。

他认为，任何物质都不是真正的元素或要素，因为它们都处于化合状态。他给元素下的定义是：所谓元素是某些原初的和单纯的物质，这些物质不是由任何其他物质组成的，也不是相互组成，而是作为一种组分，化合形成其他物质，其他物质最终也分解成这些原初的和单纯的物质。玻义耳的元素概念在当时是最先进的。

在确立了元素概念后，玻义耳指出，化学家的任务不应该是思考自然界由多少种元素组成，而应是通过实验考察自然界的物质是如何被化合出来的。他自己做了不少实验，证明丰富多彩的世界远非四元素或三元素所能组成的。

传统炼金术认为，火是万能的化学分离工具，所有的元素都预先混合在物质之中，火可以将它们分离开来。玻义耳说，自然界的物质由元素化合而成，不可能进行简单的分离。他认为，火可以分离很多混合物，但不能分离所有混合物，如玻璃就不能用火来分解——虽然它由盐和土组成。有些经火分离出来的物质也不一定是元素，而是另一种化合物。火不能分解的物质可以通过别的方式分解。

玻义耳还研究了燃烧问题，这要得益于胡克的帮助。正是在胡克的帮助下，他造出了抽气机，这使得他有可能在真空中做燃烧实验。在发表于 1673 年的《关于火焰与空气的关系的新实验》一文中，玻义耳叙述了在真空中燃烧硫黄的过程。他注意到，在没有空气的情况下，带有硫黄的纸卷只冒烟不着火。而一旦放进空气，纸卷马上发出蓝色的火焰。这个实验使他意识到空气对于燃烧的必要性。

另一个实验使得他接近于发现氧气。把点着的油灯放在一个未完全抽空的容器里，他发现，放在容器里的灯不久就熄灭了，但灯里的油仍然充足。这表明，只有某一部分空气才是燃烧所必需的。玻义耳还认识到，像物质燃烧一样，动物的生命也依靠空气中的某一部分来维持。但他没有想到，维持燃烧的那一部分空气恰恰就是维持动物生命的那一部分空气。

1664年，胡克用压缩空气做实验。研究表明，可燃物或者动物在高压空气中持续燃烧或持续存活的时间比在普通空气中更长。胡克意识到，维持可燃物燃烧的那部分空气和维持动物存活的那部分空气应该是同一种气体。胡克把这部分空气叫作“亚硝气”——就是我们今天所熟悉的氧气。对氧气的认识标志着化学发展的新水平。直到拉瓦锡出现，化学才迎来了它的里程碑时期。

第四章

从燃烧反应说起

今天，即使是只受过初等教育的人也知道燃烧是怎么回事。但是在古代，火和燃烧现象始终带有神秘色彩。

在燃烧过程中，往往伴随着旧物质的消失和新物质的生成。多数时候，燃烧后只剩下很少的灰烬。

燃烧是自然界中极常见的现象。许多化学过程都与燃烧有关。特别是青铜时代以来，金属冶炼者们都知道，只有通过燃烧才能从金属矿石中提炼出金属，近代以来，燃烧现象才成为化学研究的核心问题。

在燃烧过程中有火焰迸出。英国物理学家和化学家、固体弹性定律的发现者胡克认为，火焰是引起化学作用的混合气体。

燃烧反应是人类最早认识的一类化学反应。燃烧反应理论是化学家最早建立的一种能够统一解释化学现象的理论。下面要介绍的“燃素说”就是曾经流行了近一个世纪的学说。

一、“燃素说”盛衰

木柴和煤炭等物质燃烧后的灰烬比未燃烧前轻了许多，而古代人燃烧最多的就是这类物质。这往往使人相信，在燃烧时一定有某种东西离开了燃烧物。同时，燃烧完的灰烬很难进一步燃烧，这就很容易给人造成一种错觉：所逃离的物质一定是某种易燃的东西。这就是“燃素说”的思想基础。那种在燃烧过程中逃离的东西后来就被称为“燃素”（phlogiston），该词来自希腊文，是使火开始的意思。

“燃素说”是17世纪出现的一种假说。它主要说明物质为什么会燃烧及燃烧过程中的性质变化。它引导化学家注意对化学反应过程进行研究，这种研究引起了许多其他的化学发现。当时，人们已经意识到空气对于燃烧的重要性。

“燃素说”认为，物质之所以会燃烧，是因为其中含有“燃素”，“燃素”烧尽，燃烧便停止。硫黄因为燃烧后留下的灰烬很少，所以被认为是纯的“燃素”。

在“燃素说”提出以前，已经有很多人对燃烧现象进行了认真的观察，做出了有意义的解释。达·芬奇曾注意到，在燃烧时，若没有补充新鲜空气，燃烧就不能继续进行，这意味着燃烧现象与空气的存在有一定关系。

到了 17 世纪下半叶，机械唯物论的自然观基本形成。不可再分的物质微粒和机械的力成了一切自然现象的基础。但是，易燃物在燃烧过程中逃离的想法仍然没有改变。相反，“燃素说”被进一步理论化和系统化。随着实用化学的发展，人们越来越相信，燃烧过程就是一种分解过程。

德国化学家贝歇尔（Johann Joachim Becher，1635—1682）首次提出了“燃素说”。在 1669 年出版的《地下物理学》一书中，贝歇尔提出了三种土元素——玻璃状土、油状土和流质土。贝歇尔认为，自然界所有化合物的不同，均在于其所含有的土不同。本质上，贝歇尔关于三种土元素的划分与帕拉塞尔苏斯的盐、硫、汞三元素说同出一辙，并不算创新。有意义的是，他提出，在有机物燃烧的过程中，其中所包含的油状土很快逸出，只有玻璃状土留了下来。他的说法被他的学生、普鲁士王的御医、德国化学家斯塔尔（Georg Eenst Stahl，1660—1734）加以发挥，提出了系统的“燃素说”。

按照“燃素说”的观点，火是由无数细小而活泼的微粒构成的物质实体。这种火的微粒既能同气体元素结合而形成化合物，又能以游离方式存在。大量游离的火微粒聚集在一起就形成明显的火焰，火微粒弥散于大气之中，给人以热的感觉，由这种火微粒构成的火的元素就是“燃素”。

斯塔尔的思想明显受原子论的影响，他在原子论的基础上建立了他的“燃素”概念。斯塔尔的“燃素”有些像贝歇尔的油状土，或者说，他把贝歇尔的油状土默认为“燃素”。

燃素跑哪儿了？

“燃素说”认为，“燃素”充塞于天地之间，流动于风云雷电之中。在地球上，动物、植物和矿物中都含有它。大气中含有“燃素”，因而才会在天空中引起闪电，结果是使大气动荡不已；生物中含有“燃素”，这是生命界充满生机的根本原因；如果无生命的物质中含有“燃素”，就会发生燃烧现象。

“燃素”不仅具有各种机械性质，也像灵魂一样，其本身就是一种动因，是“火之动力”。若物体失去“燃素”，就会变成死的灰烬；若灰烬获得“燃素”，物体就会复活。

易燃物之所以易燃是因为其中含有较多的“燃素”，灰烬不能燃烧是因为其中不含“燃素”。在燃烧过程中，被燃烧物体中的“燃素”被空气吸收，空气起单纯的助燃作用，而且它的主要作用是把“燃素”从燃烧物中带走。

对于当时已知的许多化学现象，“燃素”理论能够给出看似合理的解释。斯塔尔甚至能够解释各类氧化还原反应。斯塔尔认为，氧化过程是“燃素”逸出的过程。

“燃素说”对许多化学现象给出了一个自洽但与今日理论完全不一样的解释。“燃素说”是化学史上第一个将各种化学现象统一起来的化学原理，虽然在理论层面上它是错误的，但却启发和引导化学走向更广阔的领域。

在“燃素说”的框架内，斯塔尔还认识到，金属生锈与木材燃烧是同一类化学过程，它们都是失去“燃素”的过程。“燃素”既然是一种物质，就应该有重量。如果是这样的话，又怎么解释有机物在燃烧后重量大大减小，而金属生锈后重量往往增加这种矛盾现象？在这一过程中都伴随着“燃素”的逃离，但结果却不同，这显然是无法调和的矛盾。

玻义耳也研究过燃烧现象。他发现，锡和铅等金属在密闭的玻璃容器中燃烧后重量不是减少而是增加，这引起了他对“燃素说”的怀疑。但斯塔尔头脑里的定量观念还很淡薄。当时在化学领域，定量的观念还没有建立起来，在这样的大环境下，没有更有力的理论能够取代“燃素说”，它依然被大多数化学家所接受，因为它比较好地解释了主要的燃烧现象和各种各样的化学过程。

“燃素”实际上是一种并不存在的人们臆想出来的物质，“燃素说”也是一种错误的学说，以致越来越阻碍化学的发展。直到18世纪中叶，“燃素说”在统治化学理论近百年之后，终于被新兴的“氧化说”所推翻，发生了一场化学革命。在化学发展史上，那场革命具有重要的意义。

二、空气的组成和氧气的发现

火是炼金术士的元素，人类依据这一元素才能够深刻地了解物质。那么，火本身是不是一种物质在当时就变得尤为重要。如果承认火是一种物质，那就必须赋予火某种特性。比如，它比任何东西都轻。

帕拉塞尔苏斯之后，又过了将近200年，直到1730年，化学家们还在努力寻找“燃素”。他们认为，作为物质之火最根本体现的“燃素”一定存在。但是，根本没有“燃素”，正如没有作为生命本原的灵魂一样。因为火并不是一种材料，就像所谓生命中的灵魂不是一种材料一样。火是变形与变化的一个反应过程，材料元素在这个过程当中进行一系列合并。对当时的人类和知识界来说，只有当火被作为一个过程来理解的时候，化学反应的本质才能够被人们认识。

1. 其他人的工作

17世纪中叶以前，人们对空气的认识还很模糊。多数研究者认为，空气里只有一种气体，空气是唯一的气体元素。到了18世纪，通过对燃烧和呼吸的研究，化学家越来越清楚，气体是多种多样的。当时，已经陆续发现了碳酸气（二氧化碳）、氢气、氯气、氮气和氧气等多种气体。发现气体的过程并不容易，而氧气的发现过程尤为曲折。

玻义耳早年曾研究过空气的性质。他是这样描述燃烧和空气的性质的：在一个抽掉空气的容器中，将硫黄撒在一块烧红的铁板上，硫黄只会冒烟而不能燃烧；当把硫黄放在有空气的容器中，硫黄能燃烧并产生蓝色火焰。玻义耳还从蜡烛和氢气的燃烧现象中得出结论：燃烧不能没有空气。但他当时并不知道，在燃烧过程中，起作用的到底是什么。

自古以来，人们一提到“气”指的就是空气。正如大多数人一提到“盐”指的就是食用盐一样。从赫尔蒙特开始，人们才知道自然界有许多气体，赫尔蒙特也由此命名了“气体”一词。虽然赫尔蒙特知道有多种不同的气体存在，但当时缺乏实验手段来区分各种气体，人们的气体知识并无太大的长进。到了18世纪，实验室中收集气体成为可能，越来越多的气体被人们发现，气体的神秘面纱逐渐被揭开。原来气体是一种物质。

1727年，英国植物学家黑尔斯（Hales，1677—1761）出版了一本书《植物静力学》。在这本书中，黑尔斯描述了如何将各种物质加热，以及在水面上收集它们放出的各种气体的过程。黑尔斯有相当高的物理学天赋，而对化学缺乏敏感性。受牛顿的影响，实验过程中，黑尔斯特别关注了实验结果的物理表达，而没有意识到化学性质的重要性。所以，他根本就没有意识到收集的实际上是各种不同的气体。但他第一次给出了在实验室里利用排水法来收集一种气体的实验方式。当然，这种方法只适合于收集不溶于水或在水中溶解度较小的气体。

苏格兰化学家布莱克（Joseph Black，1728—1799）发现了“潜热”，因此帮助瓦特改进了蒸汽机。布莱克首先对气体的化学性质进行了研究。1765年，布莱克发表了他的医学博士论文中的化学部分，论文的题目是“关于白镁氧、生石灰和其他一些碱性物质的实验”。论文中说，白镁氧（碱性碳酸镁）加热后放出某种气体而变成氧化镁，石灰石加热后也会放出类似的气体而变成生石灰。

今天我们都知道，这种气体就是二氧化碳，就是赫尔蒙特曾经说过的“野气”。由于这种气体看起来是被固定在白镁氧或石灰石这类固体中，布莱克称它为“固定空气”。布莱克的发现在化学界引起了巨大的反响，当时的人们对固体物质中含有如此多的化学气体感到十分惊奇。因为在此之前，几乎所有的人都认为，固体就是固体，气体就是气体，是毫不相干的两种物质。

从此，气体被当成一种重要的化学物质，因为它确实可以参与化学反应或从化学反应中被放出。布莱克继续研究这种“固定空气”。他认识到，“固定空气”不同于普通空气，因为生石灰不吸收普通空气，但吸收这种气体。他还认识到，燃烧和呼吸时放出的气体中一定含有“固定空气”。

继布莱克之后，多种气体先后被发现。布莱克的学生丹尼尔·卢瑟福（Daniel Rutherford，1749—1819）发现，空气中除呼吸和燃烧时被消耗掉的气体之外还有一种气体。他称之为“浊气”，其实就是氮气。后来，英国著名的物理学家卡文迪许（Henry Cavendish，1731—1810）也发现了二氧化碳，当时他仍然称此气体为“固定空气”。卡文迪许还发现了氢气，他把氢气叫作“可燃空气”。但在气体研究方面最出色的，当属英国化学家约瑟夫·普里斯特利（Joseph Priestley，1733—1804）。

2. 普里斯特利的卓越成就

说到对燃烧和空气的研究，约瑟夫·普里斯特利是绕不过去的人物。普里斯特利是英国著名化学家，喜欢阅读有关“燃素说”的书籍，也喜欢研究气体。

普里斯特利的故乡是英国约克郡的菲尔德赫德。青年时代，普里斯特利学习古典课程，对英国的历史和文化有深入的了解，但在自然科学方面缺乏必要的启蒙。尽管如此，他的科学素养几乎是天生的。他的科学成就主要在实验方面。普里斯特利一生阅历丰富，兴趣广泛。他早年当过牧师，但他崇尚自由主义思想，支持美国的独立运动，反对奴隶制。1766 年，他在伦敦遇见了美国著名的政治家、科学家富兰克林，这次会晤使普里斯特利对新兴的实验科学产生了兴趣。一开始，他研究电学的历史，于 1767 年出版了《电学史》。此后，他移居利兹，因其住处紧临一家啤酒厂，这使他有机会研究“固定空气”的问题。他以后的科学工作集中在气体化学方面。

普里斯特利认识到，啤酒厂里谷物发酵后产生的气体实际上就是布莱克所发现的“固定空气”。此后他又用多种方法采集了这种气体。他发现，这种气体能部分溶解于水，而且溶解了这种气体的水是十分可口的饮料。在这个基础上，普里斯特利于 1772 年发明了“苏打水”。这项发明为他赢得了盛誉，英国海军甚至将“苏打水”作为军舰上的饮料。从这个角度看，普里斯特利就是现代软饮料工业的创始人。

在研究二氧化碳的过程中，他发现薄荷在充满二氧化碳的环境里茁壮地生长。普里斯特利从中受到启发，认为动物的呼吸不断污染空气，而植物可能充当空气净化剂的角色。经过反复实验，他得出结论：许多动物的呼吸及许多植物和动物的腐败作用对大气造成的损害，至少部分地为植物的繁衍所补偿。在那个时代，这是一种非常有见地的思想，也是对自然演化过程非常深刻的理解。

在“苏打水”发明之后不久，普里斯特利发表了长篇论文《对各种空气的观察》。文中记载了利用集气槽收集到的各种各样的气体，如铜、铁、银等金属与稀硝酸反应制取的“亚硝空气”（一氧化氮）、“燃素化空气”（氮）与浓硝酸反应制取的“亚硝蒸气”（二氧化氮）、“减缩的亚硝空气”（氧化亚氮）。他还制备了“酸性空气”（氢氯酸），因为这种“酸性空气”易溶于水，普里斯特利在水银面上收集到这种气体，是对黑尔斯集气方法的一种改进。

从帕拉塞尔苏斯的时代算起，又过了 250 年才发现新的元素——氧。而氧的发现终于解释清楚了火的本质，从而使科学跨越了中世纪的局限。奇怪的是，虽然普里斯特利发现了氧，但是没有继续对火的本质进行研究，而是对古希腊四元素说当中的另一个元素——看不见但又无处不在的空气进行研究。

普里斯特利的实验室留存的物品，大部分都在华盛顿特区的史密斯学院里。英国的伯明翰是欧洲工业革命的中心，普里斯特利就是在那里完成他的开创性工作的。

普里斯特利发现，空气并不是基本的物质，而是由多种气体组成，其中氧气（他当时称为“缺乏燃素的气体”）是动物生存必不可少的一种气体。普里斯特利是一位非常优秀的实验者，他以多个步骤仔细进行实验。

1774 年，普里斯特利有了重大发现。他发现，在空气里加热水银可以得到一种红色的矿灰，就是我们今天所熟悉的氧化汞。普里斯特利将这种矿灰放在集气装置中加热，看能收集到什么气体。结果发现，这种新收集的气体不溶于水，能使蜡烛更加猛烈地燃烧，放出极强的火焰。次年他又发现，老鼠在这种气体中比在普通空气中活的时间要长两倍，而他本人吸入这种气体后，感到极为舒服。因此，普里斯特利猜测，这种气体可能在医学上有用处。

普里斯特利不仅聪明，还很幽默，曾开玩笑说：“谁知道这种气体将来会不会变成一种时髦的奢侈品呢？但现在只有我和这两只老鼠有特权吸入这种气体。”

普里斯特利是“燃素说”的信奉者。由于长期受到“燃素说”思想的束缚，这个重大发现在普里斯特利手中非但没有诱发推翻“燃素说”的化学革命，还使他相信燃烧就是损失“燃素”，“燃素”被支持燃烧的空气所吸收，空气所吸收的“燃素”越多，可燃物在其中燃烧就越困难。他所发现的这种新气体必定缺乏“燃素”才使燃烧这么猛烈，因此他将这种新气体命名为“脱燃素空气”。

根据“燃素说”，物体在空气中燃烧后，“脱燃素空气”应变成“燃素化空气”，但实际上这是一种不准确的说法。普里斯特利没有注意到“燃素说”的弱点，其一生都在信奉和坚持“燃素说”。可以说，他是一个执着近于固执的人。

今天看来，普里斯特利的解释有些荒谬，但在当时却能自圆其说。后来，他做过多次实验，从许多物质中都制取了这种“脱燃素空气”。

1775 年，普里斯特利向英国皇家学会宣布了这一发现。

他所说的“脱燃素空气”实际上就是氧气。结果可想而知，普里斯特利离发现氧气只有一步之遥。他并没有因为这一发现而动摇传统“燃素说”的地位。

1777 年 10 月，普里斯特利去了巴黎，把自己的发现告诉了拉瓦锡和其他一些人。后来，普里斯特利写了一封热情洋溢的信给富兰克林，表达了自己的喜悦心情。

普里斯特利发现，植物在阳光下呼出氧气，因此为吸入氧气的动物提供了基础条件。接下来数百年的研究表明，这一点非常重要。如果植物不首先呼出氧气，动物根本就不会产生进化。在生命进化史上，这是非常重要的。普里斯特利之前，没有人考虑过这个问题。

在宗教和政治上，普里斯特利是开明的。他同情法国大革命，结果在法国大革命两周年的时候被一群暴徒攻击，栖身之地也被毁于一旦。他死里逃生跑到伦敦，在英国也感到风声鹤唳。在巴士底狱被攻占的第二年，保皇党人烧掉了普里斯特利的家——那个曾被他描述为世界上最精致的实验室。

他不得不逃到美国，在那里也不受欢迎，只有学术界的朋友赞赏他。托马斯·杰弗逊成为美国总统之后，曾说普里斯特利的生命对人类来说是极其宝贵的。实际上，普里斯特利的脾气并不好，他很难接近，冷漠而又刚愎自用，凡事讲究精确到底。

3. 舍勒的贡献

化学家舍勒出生在瑞典的波美拉尼亚，这个地区现在属于德国。14 岁时，舍勒在药房里当学徒，利用业余时间自学了化学，成为一名卓越的药剂师。舍勒一生发现了大量的化学物质，但却没有及时整理和发表自己的研究结果，许多工作别人虽然稍后做出但却先于他发表，使他多次丧失了优先权。人们从他的原始记录中才知道，他的许多发现都是世界上的第一次。

在亲自试验和观察的基础上，舍勒认识到，空气里包含两种完全不同的物质成分，一种不吸引“燃素”，另一种吸引“燃素”但只占空气 1/4 ～ 1/3 的质量，他分别称之为“浊空气”和“火空气”。

1771 年，舍勒加热与氧结合不太紧密的物质制出了“火空气”（氧气），但因信奉“燃素说”却没能正确地认识氧在化学反应中的地位和作用。他论述“火空气”的著作于 1775 年送到了印刷厂，但出版商未能及时付印，直到 1777 年才面世。而这个时候，每个人都知道普里斯特利发现了“脱燃素空气”。

舍勒的发现还有许多，如硫化氢、氯、氢氟酸、氧化钡、氢氰酸、钨酸、砷酸、锰酸盐、高锰酸盐、亚砷酸铜等，亚砷酸铜至今仍被称为“舍勒绿”。舍勒还是有机化学的奠基人，是当时发现有机酸最多的人。由于劳累过度，舍勒年仅 44 岁就告别了人世。当然，他也可能死于药物中毒。据说每制出一种新的化学物质，他都要习惯性地尝一下。这样看来，他是真正地为所热爱的科学事业献身了。

三、卡文迪许发现了氢

在化学史上，英国化学家和物理学家卡文迪许是一位重要人物。他最先发现了氢元素。

卡文迪许当时是一位百万富翁，但他的生活十分简朴。他在家里建立了规模相当大的实验室，一生从事科学研究。当时就有人说：“卡文迪许是有学问的人中最富有的，也是富人当中最有学问的。”这样的人才绝对是一种稀缺资源。

卡文迪许善于观察事物，善于设计实验，所以他的实验结果相当准确。他的研究范围十分广，涉及化学、力学、电学等。他笃信“燃素说”，因此在化学研究中走一些弯路就不可避免。

1. 关于卡文迪许的逸闻趣事

卡文迪许不注重发表论文，在约半个世纪的时间里，只发表了 18 篇论文，比较低产。这些论文中，只有一篇与理论有关，其余全是实验性和观察性的研究论文。

卡文迪许逝世后，人们才发现他写了大量有价值的论文，这些论文手稿几乎没有公开发表过。它们是科学研究的宝贵文献。后来，卡文迪许的手稿分别由物理学家麦克斯韦（James Clerk Maxwell，1831—1879）和化学家索普（Thomas Edward Thorpe，1845—1925）整理出版。这是对卡文迪许最好的纪念。

在化学发展史上有一个非常有趣的故事，这个故事与卡文迪许的论文手稿有关。

1785 年的一天，卡文迪许准备着手做化学实验。他将电火花通过寻常空气和氧气的混合气体，想把其中的氮全部氧化掉，产生的二氧化氮用氢氧化钾吸收。可是做了三个星期实验，他发现残留的一些小气泡始终不能被氧化。他的实验记录保存在留下的文稿中，文中写道，空气中的“浊气”不是单一的物质（氮气），还有一种不与“脱燃素空气”（氧）化合的浊气，总量不超过全部空气的 1/12。

1892 年，英国剑桥大学的物理学家瑞利（L. Rayleigh，1842—1919）在测定氮的密度时发现，从空气得来的氮比从氨氧化分解产生的氮每升重 0.0064 克，面对这一奇怪的现象，瑞利百思不得其解。

化学家拉姆塞（W. Ramsay，1852—1916）认为，来自空气的氮气里可能含有一种较重的未知气体。这时，化学教授杜瓦（J. Dewar，1842—1923）的一句话提醒了大家。杜瓦说：“你们还记不记得剑桥大学的老前辈卡文迪许的实验和小气泡之谜？”于是，他们立即把卡文迪许的化学实验记录借来阅读。100 多年前的资料散发出浓重的霉味，但这毫不影响科学的传承和探索者的热情。

瑞利重复了卡文迪许当年的实验，很快得到了小气泡。拉姆塞设计了新的实验，除去空气中的水气、二氧化碳（碳酸气）、氧气和氮气后，也得到了这种气体，它的密度比氮气大。用分光镜检测后才知道，这是一种新的元素，命名为“氩”。

从这个故事我们可以知道，卡文迪许当年的工作在1894年元素氩的发现中起了多么重要的作用，卡文迪许的科研作风多么严谨。他对化学的贡献赢得了人们对他的尊重。

就在那几年，剑桥大学建立了一个物理实验室，以卡文迪许的名字命名。几十年内，卡文迪许实验室一直是世界物理学的重要研究中心。直到今天，著名的卡文迪许实验室仍是到剑桥大学访问的学者们一定要去拜访的。它是剑桥大学的重要科学文化符号。

2. 发现“易燃空气”

18世纪以前，已经有不少人做过制取氢气的实验，很难说是谁发现了氢。即使大家公认卡文迪许对氢的发现和研究有很大贡献，但卡文迪许本人却说氢的发现不只是他的功劳。

其实，早就有人制出了氢气，只是他们没有意识到。

早在16世纪，瑞士著名医生帕拉塞尔苏斯就描写过这一反应。他说：“当铁屑与酸接触时，有一种气体产生。”17世纪的比利时著名医生和化学家赫尔蒙特曾偶然接触过这种气体，但没有把它收集起来。玻义耳虽然偶然收集过这种气体，但是没有进行研究。他们只知道它可以燃烧，除此之外，所知甚少。1700年，法国药剂师勒梅里（N. Lemery，1645—1715）也提到过它。

实际上最早把氢气收集起来，并对它的性质仔细加以研究的是卡文迪许。1766年夏天，卡文迪许向英国皇家学会提交了一篇研究报告《人造空气实验》。在这篇报告里，卡文迪许详细地描述了发现氢气的过程。他当时把氢气叫“易燃空气”，他说，用铁、锌等与稀硫酸、稀盐酸作用就能制得这种“易燃空气”。他用普里斯特利发明的排水集气法收集了这种气体，并进行了性质研究。他发现，一定量的某种金属分别与足量的各种酸作用，所产生的这种气体的量是恒定的，与使用的酸的种类、浓度无关。他还发现，这种气体与空气混合后，点燃就会发生爆炸；这种气体与氧气化合能生成水。他认识到，这种气体与其他几种已知的气体不同。实际上，他已经认识到了这种气体的许多本质特征，只差给它准确的命名了。但他是“燃素说”的追随者，他的思维方式深受“燃素说”的影响，这使他对实验现象的解释偏离了正道。

按照卡文迪许的观点，这种气体燃烧起来如此猛烈，其中一定富含“燃素”。硫黄燃烧后生成硫酸，那么硫酸中一定没有“燃素”。根据“燃素说”的观点，金属也含有“燃素”。所以卡文迪许认为，这种气体是从金属中分解出来的，而不是来自酸中。他设想，金属在酸中溶解时，它们所含的“燃素”就会被不断释放出来，形成了这种可燃空气。

他曾一度设想“易燃空气”就是“燃素”，这种推测很合“燃素说”的观点。在当时的学术环境下，不难得到一些杰出化学家的赞同，舍勒、基尔万（R. Kirwan，1735—1812）等都是卡文迪许学术上的“同志”。而批判和反对的声音微乎其微。不是人们不敢批判，而是人们还没有意识到卡文迪许错在哪里。

后来的一个实验对这种错误观点的流行起到了推波助澜的作用。那一年夏天，人们把“易燃空气”充入膀胱气球中，结果气球徐徐上升，而且飞得越来越高。在当时，这是一种神奇的现象。那些“燃素说”的追随者们欢呼雀跃，因为他们找到了又一证据。他们说，“燃素”具有负的重量。

在这一激动人心的实验现象面前，卡文迪许陷入了沉思。他在思考，为什么会是这么一个结果。卡文迪许毕竟是一位非凡的科学家。几天之后，他弄清楚了气球在空气中所受浮力的问题。经过仔细研究、精确计算后，卡文迪许指出“易燃空气”是有重量的，只是比空气轻很多。

他的实验是这样设计的，先称量金属和装有酸的烧瓶，然后将金属投入酸中，用排水集气法收集“易燃空气”并测体积，再称量反应后烧瓶及内装物的总量。结果已经很明显了，一定体积的“易燃空气”的质量就知道了。他据此计算出“易燃空气”的密度只是空气的9%。

在狂热和习惯面前，理性有时候不仅黯淡，还很脆弱，即使在科学上也是如此。那些坚守在冥顽城堡里的众多化学家们仍不肯轻易放弃旧说。在解释“易燃空气”燃烧后会产生水的事实时，他们又改口说，“易燃空气”是燃素和水的化合物。现在想想，这是多么荒诞不经。

人们对水的认识肯定是最早的。水不仅是最常见的物质，也是人们一生离不开的物质。泰勒斯（Thales，约前624—前546）说过“水是万物之源”之类的话。在古代人的心目中，水肯定是构成宇宙最基本的要素。

古希腊哲学家恩培多克勒就指出，宇宙间只存在火、气、水、土四种元素，它们组成万物。那是一种高度的思想浓缩和精致的哲学揣测。从那时到18世纪70年代，人们一直认为，水是一种元素。水真是一种元素吗?

1781年，普里斯特利将“易燃空气”和空气放在闭口玻璃瓶中，用电火花引爆，发现瓶的内壁有露珠出现。

同样在那一年，卡文迪许也用不同比例的“易燃空气”与空气的混合物反复进行同样的实验，最终认定这种露珠确实是纯净的水。结论是很明显的，氢是水的一种成分。

这时候氧气已被发现，卡文迪许又用纯净的氧气代替空气进行了试验，不仅证明了氢和氧化合成水，还证明了2体积氢与1体积氧恰好化合成水。他的研究成果于1784年发表。

实验结果显而易见，水并非一种元素，而是氢和氧的化合物。

但卡文迪许拐不过这个弯，他和普里斯特利坚持认为，水是一种元素。他说“氧是失去燃素的水，氢则是含有燃素的水”。他还特意用式子表示“易燃空气”的燃烧反应。

（水＋燃素）＋（水－燃素）——→水

这一表示与真正的化学反应方程式相去甚远。因为它既不科学又不规范，无法表达其实质。

四、拉瓦锡提出了氧化学说

在做了大量实验后，拉瓦锡提出了明确的结论，所谓燃烧就是可燃物与空气中的较纯净部分相结合。当时他把这个部分称为“最适合呼吸的空气”，空气的其余部分则被称为“硝”，即无生命的意思。1790 年，化学家查普特尔把“硝”改称为“氮”，这个名称一直沿用至今。

1779 年，拉瓦锡建议将“最适合呼吸的空气”称作“氧”，意思是可以产生酸的东西，因为他认为各种酸里都含有这种气体。这样，拉瓦锡就成为认识氧气的第一位化学家。

拉瓦锡把“燃素”完全摈弃于燃烧过程之外，彻底推翻了统治化学界达百年之久的“燃素说”，建立了燃烧的“氧化说”，实现了一场深刻的化学革命。它不但是对燃烧理论的革新，而且是对过去整个化学学科的系统总结，这一工作促进了化学的迅速发展。

这时候，氧化的概念才真正建立起来。正是在这方面，拉瓦锡比同时代的人更能理解化学反应的过程和本质。原来，“固定空气”其实就是由碳和氧化合产生的，而许多燃烧现象其实就是可燃物与氧气的化合过程。

最有利的证明是燃烧“氢”生成水的实验。

早在 1766 年，卡文迪许就已经发现了“易燃空气”(氢)。1781 年，普里斯特利发现，这种“易燃空气”燃烧之后形成小露珠。卡文迪许重做了燃烧实验，证明生成的是水。

拉瓦锡听说了这个实验后，马上意识到水是氧和“易燃空气”的化合物，他又重复了这个实验，并且发表了论文，拉瓦锡在论文中指出，“可燃空气”与氧化合生成的水的重量正好等于两种气体的重量。

这充分证明，水不是一种单纯的物质，而是两种气体的化合物。

大量实验已经表明，燃烧现象是一种氧化现象，拉瓦锡开始挑战“燃素说”。1783 年，他向法国科学院提交了一篇论文，指出了“燃素说”的诸多缺陷，相反氧化理论可以十分恰当地解释燃烧现象。他说，燃素理论完全是一种不必要的学说。

拉瓦锡在家里举行了一个仪式，在这个仪式上宣告了“燃素说”的终结。美丽贤惠的拉瓦锡夫人身着长袍，扮作女祭司的样子，焚烧了斯塔尔和其他“燃素”论者的著作。

五、《化学基础论》

1787 年，拉瓦锡与化学家德莫瓦、贝托莱等合著了《化学命名法》一书。书中建立了一套全新的化学命名法，其核心是每种物质都有固定名称，单质的名称反映了其化学特征，化合物则由组成它的元素来界定。这种命名方法条理清晰、逻辑性强，马上被其他化学家采用。近代化学有了严格、统一和科学的物质命名方法。

越来越多的人承认和支持拉瓦锡的新理论。于是他决定写一本书，系统地阐述自己的理论体系，目的是与旧的化学理论彻底决裂，为未来的化学发展提供基本框架。

从 1778 年开始，拉瓦锡投身于漫长的写作过程。1789 年，书最后定稿出版，即《化学基础论》。书中提供了推翻“燃素说”的各种实验证据，系统论述了以氧化理论为核心的新燃烧学说。他认为，化学的任务是将自然界的物质分解成基本的元素，并对元素的性质进行检验。

在《化学基础论》中，拉瓦锡谨慎地列出了当时已知的元素表。

所列的每一种元素都由一系列实验确认，因此基本上都是正确的，从中可见拉瓦锡的实验精神。他甚至猜到当时还不太清楚的钾碱和钠碱可能是化合物而不是元素。

《化学基础论》一书的出版是化学史上划时代的事件，书中提供的各种数据足以推翻“燃素”学说，为氧化理论找到了基础支撑。《化学基础论》对化学的贡献相当于《自然哲学的数学原理》对物理学的贡献。从这个意义上讲，拉瓦锡可以和牛顿比肩。他确实是一位重量级人物。

《化学基础论》出版时正值法国大革命爆发之际，革命越来越失去控制，雅各宾派当政，实行恐怖统治。不少科学家受到迫害，拉瓦锡也不幸遇难。他的罪名是曾经做过税务工作，而税吏在法兰西素有贪渎恶名，因此成为民众忌恨的对象之一。拉瓦锡在受审时为自己进行了辩护，他说自己在科学上为国家做出了突出贡献，请求法庭赦免。法官却说：“共和国不需要学者。”就这样，里程碑式的科学家被送上了断头台。

数学家拉格朗日说，砍下拉瓦锡的头只不过一瞬间，而法国再长出像他这样的脑袋恐怕100年也不够。法国人完全懂得他的价值，拉瓦锡死后不到两年，人们在巴黎为他立了半身塑像。

六、质量守恒

拉瓦锡与前人最大的不同是，十分重视量的精确。他可能是第一个在使用器皿前坚持彻底清洗的化学家。在他之前，化学家们在做化学实验的时候不重视这些，甚至取河水或泉水当溶剂用。这怎么能做好化学实验呢？

化学家拉瓦锡

拉瓦锡用科学实验第一次证明了化学反应前后物质总质量不变的物质质量守恒定律，为精密、定量的化学发展奠定了科学基础。同时，他为唯物主义哲学的物质不灭原理第一次提供了科学证明，促进了哲学的发展。

《化学基础论》阐述了在化学反应过程中物质守恒的思想。按照物质守恒原理，拉瓦锡将化学反应过程写成了一个代数式，拉瓦锡说，这样，就可以用计算来检验我们的实验，再用实验来验证我们的计算了。

拉瓦锡认识到，尽管物质在化学反应中的性质与状态会发生改变，然而反应前后的物质总量却是相同的。

他认为，既然称不出“燃素”的量，也就说明并不存在“燃素”的质。正是由于这一理论框架和哲学观念，他决心同传统的“燃素”理论决裂。他的以量定质的思维方法，体现了辩证唯物论关于物质不灭的规律性和质与量的统一性。

第五章

原子-分子学说的建立

没有成熟的原子-分子学说，就没有化学学科的建立和完善，化学及其随后的化学工业的发展也会成为无源之水和无本之木。

很多学者为原子-分子学说的发展做了大量严谨、细致的工作，他们的奉献默默无闻。通过本章，我们就能体会其中的价值和意义。

18 世纪末，工业革命席卷欧洲。100 多年间，欧洲各国先后发生了资产阶级民主革命。政治变革的结果就是生产力的有力释放。一时间，工业部门迅速发展，包括纺织、机械、冶金、造船、采矿、地质、制药等。这些部门的发展又推动了化学学科的成长。

在化学领域，自从拉瓦锡建立了燃烧的“氧化学说”后，流行长达 120 年之久的“燃素学说”开始衰落。

道尔顿提出原子论是重要标志，近代化学的发展以此为开端。我们知道，化学作为自然科学，所要说明的本质就是化学键的断裂与重新结合。道尔顿的原子论抓住了问题的核心和本质。在原子论思想的引导下，对各种化学现象和内在规律的揭示是迟早的事。

一、化学基本定律

我们先了解一下化学计量学是怎么诞生的。“化学计量学”是指在反应过程中各反应物之间及反应物与生成物之间量的关系。它与化合物的组成有关。

其实这是一个很简单的概念。例如，盐酸和氢氧化钠完全中和时，它们的物质的量之比是 1∶1。换句话说就是，1 摩尔盐酸和 1 摩尔氢氧化钠正好完全反应，生成氯化钠和水。仅此一个例子，你就能明白“化学计量学”的核心思想了。它也表明，化合物的组成是一定的，同种化合物有同样的组成（定比定律）。

就是这么简单的结论，也不是一朝一夕就能得到的。德国数学家兼化学家李希特、法国化学家费歇尔（E. G. Fischer，1754—1831）为此做了大量工作。

道尔顿在戴维和其他化学家工作的基础上，于1804年提出了倍比定律："当甲、乙两种元素相互化合，能生成几种不同的化合物时，则在这些化合物中，与一定量甲元素相化合的乙元素的质量必互成简单的整数比。"贝采里乌斯、斯达和杜马等人的工作使道尔顿的倍比定律更加完善。这一工作的重要意义就在于，明确了化合物分子中各原子之间的数量关系。

二、牛顿与化学亲和力

17世纪之后的欧洲，机器的广泛利用促进了人们对机械运动的研究，提高了人们对物质的机械结构和力学性能的认识。与力学的发展相适应，机械论哲学开始流行，人们对物质构造的认识也进入了新阶段。

英国著名物理学家牛顿在《光学》一书中，就从力学的角度探讨了物质的构造。牛顿说："原子是物质的最小单位。"他进一步论证，气体原子间以一种与距离成反比的力相互排斥（即距离越近，相互排斥力越大）。他的目的是用此观点解释与他同时代的化学家玻义耳的重要结论。玻义耳曾说过，"气体体积与压力成反比"。

牛顿用机械的力来解释化学反应的发生，把那种力叫作"化学亲和力"。今天看来，这种解释有很大问题，牛顿是著名数学家和物理学家，同时热衷于炼金术研究，能有这样的解释已经很不容易。

三、道尔顿的杰出工作

牛顿思想中的合理内核被道尔顿吸收了。

在道尔顿做乡村小学老师初期的那些年，科学研究只是他的业余爱好。他把这一爱好坚持了半个多世纪，并且取得了非凡成就。

没有聪明和勤奋这两个基本要素，一个人很难取得大的成就。道尔顿两者皆备。他还善于自学，1781 年，他认识了对他一生有重要影响的盲人学者古格。正是在古格的指导下，道尔顿的学业日见长进，知识储备日新月异，自学能力越来越强。他先后自学了数学、哲学、希腊文、拉丁文和法文等。一个是学而不厌，一个是诲人不倦。他们两个人是师生关系自然和谐、工作事业相互促进的典范。

后来，道尔顿到一所大学里任教。1816 年，他被选为法国科学院通讯院士。1822 年，他成为法国皇家学会会员。1834 年，曼彻斯特市政厅为他竖起了半身雕像，那时候他还健在。又过了 10 年，他才告别人世。这些荣誉是对他在科学上取得伟大成就的一种肯定。

道尔顿才华横溢，但为人很谦虚，他把自己的成就归结为“不屈不挠”。他说，科学家的使命就是永恒地探索，永无止境地发现未知事物。

道尔顿的故事足以让我们慨叹。时光在慢慢地流逝中把道尔顿“淘洗”了出来。

从 21 岁起，道尔顿开始从事气象学研究。他对大气的成分、性质做了细致的观察，研究了有关蒸汽压、混合气体分压、气体扩散等问题，这些研究对提出新的原子论有很大帮助。

直到今天，道尔顿分压定律还是大学无机化学的重要知识点。

1803年，道尔顿提出了他的原子论思想。

（1）元素的最终组成称为简单原子，它们是不可见的，既不能创造，又不能毁灭，也不能再分割。它们在一切化学反应中保持其本性不变。

（2）同一元素的原子，其形状、质量及各种性质都相同；不同元素的原子，其形状、质量及性质则不同。每一种元素以其原子的质量为最基本的特征。

（3）不同元素的原子以简单数目的比例相结合，就形成化学中的化合现象。化合物中的原子称为复杂原子（其实就是现在的分子），复杂原子的质量为所含各种元素原子质量的总和。同一化合物的复杂原子，其形状、质量和性质必然相同。

这三个要点表达了道尔顿对原子的认识，其中第二个要点是道尔顿原子论的核心思想。道尔顿的原子论使当时一些化学基本定律得到了统一解释，因此被化学家接受、受化学界重视是自然而然的事情。

1808年，道尔顿出版了《化学哲学新体系》，书中论述了他的化学思想，特别是他的原子论思想。书中还收录了原子量表和元素符号，涉及20种元素。两年之后，在出版的《化学哲学新体系》第二卷中，增加了元素的种类，镍、铝、锡、锑、砷、钴、锰、铀、钨、钛、钇、铈、锆等的元素符号及原子量都收录其中。

让我们难以理解的是，道尔顿创造的动力怎么会有那么大。他所研究的问题是当时化学工作者亟待解决的重要问题。他所做工作的理论价值毋庸置疑。道尔顿的人生证明，坚持下去，就会看到曙光。“持之以恒”用在这个做过很多年小学老师的科学家身上恰如其分。没有明确的奋斗目标，没有矢志不移的精神追求，是很难达到那样的高度的。我们应该向道尔顿的这种精神表示崇高的敬意。

四、盖－吕萨克的创新思想

当道尔顿思考原子论的时候，法国化学家盖－吕萨克在研究各种气体物质相互反应时的体积关系。其实，他们的研究有很大的关联度。

1808年，盖－吕萨克总结了自己的实验数据，得出以下结论：各种气体在相互反应时，所消耗体积是一个简单的整数比。盖－吕萨克做了很多实验，有事实，有根据，还有前人的工作做支撑。在盖－吕萨克之前，卡文迪许和戴维也曾研究过这个问题，他们的工作给盖－吕萨克提供了经验。

这是一个很简单的定律。举一个氢气在氧气中燃烧的例子大家就会明白。这个反应意味着，要使2体积氢气完全燃烧，需要1体积氧气。当然，我们在做出这一结论的时候暗含着阿伏伽德罗的思想。盖－吕萨克当时也是这么想的。

就在盖－吕萨克综合实验结果、做出结论的时候，道尔顿已经发表了原子学说，还关注了化合物中原子的组成比例和原子量的测定。

盖－吕萨克发现，道尔顿原子学说里的“化学反应中各种原子以简单数目相化合”这一观点，和他的“各种气体在相互反应时，所消耗体积是一个简单的整数比”很像。他想，两者之间一定有某种内在的联系。

盖－吕萨克经过一番综合和推理，得出了两个合乎逻辑的结论。

（1）不同的气体在同样的体积中所含的原子数彼此应该有简单的整数比。

（2）对相同体积的不同气体，其重量比（也是密度比）与原子量之比应该是简单的关系。

其实，结论（2）是结论（1）的简单推论。贝采里乌斯在一定程度上接受了盖－吕萨克的这一思想，并运用到原子量测定工作中。

盖－吕萨克的思想离阿伏伽德罗的已经很近了，但就是那么一小步，盖－吕萨克没有跨过。

盖－吕萨克关于气体反应的体积定律对道尔顿的原子学说是有力的支撑。但道尔顿不同意盖－吕萨克的结论。道尔顿提出了自己的反驳理由。他认为，不同物质的原子的大小一定不同。因此，相同体积的不同物质（这里指气体物质）不可能含有相同数目的原子。

道尔顿的“不同物质的原子的大小一定不同”正确无疑，问题就出在“相同体积的不同物质不可能含有相同数目的原子”上。道尔顿忘记了一个重要事实：在一般情况下，气体原子（现在应该叫气体分子）的体积与气体本身的体积相比可以忽略不计。这也是盖－吕萨克得出结论的重要前提。

盖－吕萨克的实验技术远在道尔顿的实验技术之上，因此他的实验数据可靠，结论也没有太大问题。问题在于，道尔顿的原子学说还需要补充和修正。

两人各执己见，矛盾一时难以调和。直到阿伏伽德罗提出了分子假说。

五、阿伏伽德罗的奇思妙想

阿伏伽德罗是意大利的物理学家，但研究范围跨越了物理和化学的边界。这正是他的优势。1811 年，阿伏伽德罗发表了一篇论文《原子相对质量的测定方法及原子进入化合物时数目比例的确定》，论文中所要解决的正是关于原子量和化学式的问题。

阿伏伽德罗以盖－吕萨克的实验为基础，进行了合理的推理，引入了分子的概念。他界定了分子和原子概念的区别与联系，提出了分子假说。阿伏伽德罗的工作使化学和物理学在微观层面找到了一个支点。

根据阿伏伽德罗的观点，所谓原子，就是参加化学反应时的最小质点，而分子则是在游离状态下，单质或化合物能独立存在的最小质点。

在阿伏伽德罗看来，分子是具有一定特性的最小单位，是构成物质的基本微粒，是一种比原子更复杂的粒子。分子是由原子组成的。单质的分子由相同元素的原子组成，而化合物的分子由不同元素的原子组成。化学反应的本质是不同物质分子间各原子的重新结合。

阿伏伽德罗分子假说的大部分思想写在今天的化学教科书中，可见其思想的成熟。可是阿伏伽德罗的分子假说在当时却被冷落了 50 年之久。法国物理学家和化学家安培在1814年也独立地提出了类似见解，同样没有人过多地关注他的卓越思想。

我们自然而然就想起了化学教科书中的阿伏伽德罗定律：在等温等压下，相同体积的气体，无论是单质还是化合物，都含有相同数目的分子。

如果说近代的原子论思想主要得益于道尔顿，那么分子概念的出笼主要就是阿伏伽德罗的贡献了。他所做工作的开创性意义就在于，微观粒子的层次进一步得到完善，为化学的发展拓宽了道路。正是阿伏伽德罗定律使道尔顿的原子学说和盖-吕萨克的气体反应实验定律统一了起来，毫无悬念地解释了它们之间的内在联系。历史没有记载那两位科学家在看到了阿伏伽德罗的分子假说后是否握手言和。

阿伏伽德罗的分子假说有助于道尔顿原子论的继续完善。但他的思想没有及时引起化学界的重视，也没有引起物理学界的重视。直到康尼查罗出现，阿伏伽德罗的分子假说才得以重见天日。主要有三个因素使阿伏伽德罗的分子假说受到冷落。首先，阿伏伽德罗缺乏充分的实验数据来证实他的学说，而且当时所知道的气体种类为数不多；其次，道尔顿认为，同类原子必然相互排斥，根本不可能结合成分子；最后，在当时的化学界，贝采里乌斯关于分子构成的电化二元论占据着统治地位。

化学家阿伏伽德罗

在这样的背景下，阿伏伽德罗的学说就容易被忽略。况且，阿伏伽德罗的分子假说与贝采里乌斯的电化二元论确实有冲突的地方。

六、电化二元论

也许有读者会问：什么是电化二元论？这是一个很好的问题。我们得从法国化学家拉瓦锡说起。

拉瓦锡在他的著作《化学概论》中提到的物质多达900种，在这些物质中，除单质外，绝大多数为酸、碱、盐。拉瓦锡认为，盐是酸和盐基的加合产物，而酸又是氧和非金属的加合产物，多数盐基又是氧和金属的加合产物。因此，一切化学作用都与盐的生成相类似。

当时的化学家认为，两种元素的原子之所以能结合成化合物分子，是因为它们之间存在着一种化学亲和力，这种亲和力的性质类似于万有引力。牛顿就持这种观点。

到18世纪末，静电现象的研究已经相当深入，把化学亲和力归结为电的吸引又成了时髦的理论。在这方面，物理学家功不可没，化学家也跟着凑热闹。

1800年，伏打电池问世。就在这一年，英国化学家尼科尔森（W. Nicholson，1753—1815）实现了水的电分解。在电解过程中，他从阳极上得到了氧，从阴极上得到了氢。

1807年，戴维成功电解了熔融的氢氧化钾和氢氧化钠。在电解过程中，他从阴极上得到了金属钾和钠，从阳极上得到了氧气。正是在这些实验的基础上，戴维提出了二元论的接触学说。他认为，当不同的原子接触时，就相互感应，并分别带上了相反的电荷，电荷强弱随元素的不同而异。今天，无机化学中氢键的形成、分子间作用力（也叫范德瓦尔斯力）和离子极化理论与此有相通之处。

贝采里乌斯进一步认为每种原子都有两极，就像磁铁一样，一个极带正电，一个极带负电。但一个原子的两极上所带电的强弱并不相等。因此，作为一个整体，原子就显电性。有的原子显正电性，有的原子显负电性。

贝采里乌斯说："氧绝对显负电性，钾绝对显正电性。"贝采里乌斯对电化二元论的解释是，由于不同的原子（包括复杂原子）带不同的电性，它们相遇时就会产生吸引力，靠这种力（按贝采里乌斯的推测，就是静电作用）的作用，相互反应从而形成化合物。根据这一学说，同一元素的原子必然带相同的电性，它们之间肯定相互排斥。因此，单质气体不可能形成多原子（两个或以上的原子）分子。这正是贝采里乌斯激烈反对阿伏伽德罗的原因。贝采里乌斯的电化二元论片面、机械地把物理学上的电荷吸引与排斥搬到化学领域，就不可避免地出现漏洞。

19 世纪 20 年代后，在有机化学领域，一系列卤代反应被发现。在这些反应中，被贝采里乌斯称为负电性的氯原子居然取代了有机化合物中具有正电性的氢原子，而化合物的性质没有多大改变。1839 年，化学家杜马由醋酸制得了三氯醋酸，他以自己的实验结果批判了贝采里乌斯的电化二元论。杜马的实验结果支持了阿伏伽德罗的分子学说。

这时，贝采里乌斯的电化二元论从根本上发生了动摇。

七、为确立原子－分子论立功的康尼查罗

早在 1811 年，阿伏伽德罗就提出了分子假说，可能因为他是物理学家，化学家漠视了他的工作。分子假说既没有引起重视，也没有得到认可。翻看化学发展史，我们会发现，化学家的失误很可能是他们

的偏见造成的。

1. 混乱局面

在此后的近半个世纪时间里，化学家心目中的分子概念也很模糊，因为他们既不承认分子是单质或化合物在游离状态下独立存在的最小质点，也不清楚分子是由原子组成的。

阿伏伽德罗的分子假说被束之高阁，世界各国的化学家对原子和分子的认识很难达成一致，所以理论和概念的混乱是必然的。

在这种情况下，测定原子量的工作就遇到了麻烦。比如，氢或氧常被当作测定元素原子量的相对标准，但人们不知道或不承认它们是双原子分子。可想而知，采用蒸汽密度法等物理方法测定的原子量数值难免产生成倍的偏差。

原子量不能准确测定，分子组成自然就无法预知了。

当时的化学家都有自己的一套元素符号和化学式。符号不统一，表达自然就会混淆。著名化学家凯库勒（Friedrich A. Kekule，1829—1896）在自己编写的教科书中，曾用19个不同的符号表示醋酸，化学式如此之多，连他自己都莫衷一是。理论和概念上的混乱使许多著名化学家产生疑问：到底能不能准确测定原子量？有人犹豫，有人思考，有人想突破。

2. 一次重要的国际学术会议

为了结束混乱的局面，统一对元素符号、原子量、化合价和化学式的认识，凯库勒等人发起了国际化学家大会。这就是1860年9月3～5日在德国卡尔斯鲁厄召开的国际化学家大会。会议围绕这一问题进行了广泛的辩论和探讨，但没有达成一致意见。在会议快要结束时，康尼查罗散发了一本小册子，简易的封面上印着“化学哲学教程大纲”几个字。

这本小册子使会议要辨析的问题豁然开朗，统一了大家的认识。

他们终于明白，承认阿伏伽德罗的分子假说才是扭转混乱局面的“钥匙”。这本小册子的作者意大利化学家康尼查罗是阿伏伽德罗的老乡，也是分子学说的积极倡导者。

3. 康尼查罗的生命传奇

1826 年 7 月 26 日，康尼查罗出生在意大利的西西里岛。中学时代的康尼查罗学习成绩很好，其中算术曾获得过金质奖章。他 15 岁中学毕业，理想是成为一名医生。理想很快就要实现了，康尼查罗如愿考入了巴勒莫大学医学系。那时候的他少年得志。

在巴勒莫大学，他兴趣广泛，求知欲强，因此各门功课的成绩都很好。当时，巴黎科学院院士、生物学教授弗德拉教授生理学课。他讲课生动形象、抑扬顿挫、感染力强，受此影响，康尼查罗钟情于生理学。

在弗德拉的指导下，康尼查罗的第一个研究课题是输入神经与输出神经间的区分。在 1845 年举行的那不勒斯科学家代表大会上，他的关于神经系统研究的论文受到了代表们的好评。

在一定程度上，化学是生物学的基础。为了研究生物学，康尼查罗必须做化学实验。但医学系的实验条件极差，康尼查罗只好时不时地到老师家里做实验。为了方便做实验，他还在自己家里搭建了一个简易的实验室。

实验培养了康尼查罗对化学的兴趣，启发了他的心智，激发了他探索未知物质的好奇心。他也逐渐明白，自己的化学知识需要补充。因此，他的兴趣逐渐转向化学。

那时候，巴勒莫大学正在闹学潮，康尼查罗是积极参与分子，结果他被迫离开了学校。他不情愿，但学校的态度很坚决。弗德拉深感惋惜，于是介绍康尼查罗到比萨大学继续深造。

化学教授皮立亚（Raffaele Piria，1814—1865）是比萨大学很有威望的教授。康尼查罗到校后不久，就在皮立亚的实验室做实验。皮立亚发现康尼查罗有才华，于是让他做自己实验室的助手。康尼查罗一边为皮立亚教授准备课堂演示实验，一边上课，包括去听皮立亚讲授的无机化学和有机化学课。由于得天独厚的条件，他成为皮立亚学生中将实验和理论结合得最好的一位。三年下来，康尼查罗已经成为一名基础知识扎实、实验技术精湛、学术思想活跃的学生了。

1847 年夏天，康尼查罗大学毕业。康尼查罗告别了他的老师皮立亚和就读的比萨大学，回到了家乡巴勒莫。那时的西西里，革命运动正如火如荼，一大批热血青年走上街头。康尼罗查本来就是一个热血青年，一回到巴勒莫，就奋不顾身地投入到革命运动中。他的老师弗德拉也是革命运动的中坚分子。1848 年 3 月，西西里爆发了反对那不勒斯国王斐迪南二世的武装起义。1848 年的欧洲革命运动展现了波澜壮阔和惊心动魄的一幕。起义者们经过激烈的战斗，把斐迪南二世赶出了西西里岛，建立了临时革命政府。

康尼查罗具有组织能力、领导能力和鼓动能力，是革命运动的中流砥柱。在战斗中，康尼查罗担任炮兵指挥员，为武装起义的胜利做出了贡献。革命胜利后，他被推选为西西里议会的众议员，并担任众议院的秘书。

对康尼查罗来说，好日子如昙花般一现。几个月之后，那不勒斯国王就纠集了周围几个封建王国的军队进行反扑。1849 年 4 月，国王的军队攻陷了西西里全岛，武装起义失败。

康尼查罗抵抗到最后，弹尽粮绝，不得不流亡到法国。复辟的王朝宣布判处 12 名起义领导人死刑，其中就包括康尼查罗。按今天的法律术语，这叫“缺席审判”。康尼查罗虽然拣回了一条命，但不得不背井离乡。对思乡情结浓厚的人来说，这是一种精神折磨。

流亡法国的 100 多天中，康尼查罗抓紧时间考察了里昂等地的化工企业，学到了许多在课堂上学不到的知识。办化工厂的人通常不懂化学理论，懂得化学理论的人又不太明白化工厂的生产环节，他们之间需要衔接。

后来，经老师皮立亚和法国化学家卡胡尔介绍，康尼查罗来到法国化学教授谢福瑞（Michel Eugene Cheveraul，1786—1889）的实验室工作。在这里，他致力于有机化学的实验研究。一段时间后，便对欧洲有机化学的新进展有了充分的认识。当时的欧洲化学代表了世界化学的前沿，反映了世界化学的新动向。

意大利仍然四分五裂，在亚平宁半岛及其附近，八九个小国各自为政。分裂割据是他们的古老传统。康尼查罗有家不能回，但他还是想回去，哪怕是回到离家乡近一点的地方也好。当时的意大利北部有一个叫皮埃蒙特的国家，这个国家在 1848 年曾支持过西西里的起义，对参加革命的人十分同情，对康尼查罗更是尊重有加。1851 年，皮埃蒙特政府聘请康尼查罗到国家技术学院任物理、化学和数学教授。这是康尼查罗梦寐以求的事情，他很快赴任。

他到学院后做的第一件事就是建立化学实验室。他很清楚，对化学这门学科来说，没有实验室，研究创新就没有了土地，培养人才就缺少了根基，学科的发展就无从谈起。

正是在这里，他完成了一个重大发现，即芳香醛类和碱液作用转变为相应的酸和醇。这是一个非常重要的反应，在有机化学教科书中，我们把它叫作康尼查罗反应。这是对康尼查罗最好的纪念。今天的大学有机化学教科书中，还有这一经典反应。可见其在理论和应用上的深远意义。

1855 年，热那亚大学聘请他为化学教授，该学校是皮埃蒙特著名的大学。要知道，当时的康尼查罗还不到30岁，可谓春风得意。当然，康尼查罗得到了荣誉，更多的是承担了责任。他必须努力工作才能不辜负大家。教学之余，康尼查罗系统、深入地考察了理论化学的发展和存在的问题，《化学哲学教程大纲》就是这一时期的科研成果。

1860 年 4 月，西西里农民再度起义，人们的革命热情如燎原的星火。在这种形势下，许多革命战士纷纷返回西西里。康尼查罗本身就是热血青年，当然不甘落后。斐迪南二世再次被赶出了西西里。阔别了 11 年的故乡近在眼前，康尼查罗兴奋无比。他被任命为西西里国家非常委员会成员。新政权刚刚成立，革命工作千头万绪，康尼查罗十分繁忙。尽管如此，他仍然抽时间赶赴德国，参加了 9 月在德国卡尔斯鲁厄尔召开的第一次国际化学家代表大会。康尼查罗没有忘记科学事业，因为他首先是一位科学家。

阅读了康尼查罗的《化学哲学教程大纲》后，化学家们理解并接受了阿伏伽德罗的分子假说。康尼查罗也被公认为理论化学界的权威。34 岁的康尼查罗从德国归来，他知道，迎接他的不仅是鲜花，还有重大的历史使命。

不久，西西里的那不勒斯王国与皮埃蒙特王国合并，成立了意大利王国。1870 年，意大利王国统一了意大利全境。历史在这个狭长的半岛上演了一幕“合久必分、分久必合”的悲喜剧。对康尼查罗来说，真有“三十年河东、三十年河西”的感觉了。

生活在剧烈变革的时代，康尼查罗不可能专心致志地从事科学研究和教学工作。况且，他对政治有一种天然的爱好，他的骨子里有一种革命的冲动，他的血液中涌动着不安分的潜流，他总是以极大的热情从事社会政治活动。所以，他堪称伟大的科学家和杰出的政治家。

纵观化学发展史，身兼两种角色而且做得很好的人凤毛麟角。康尼查罗就是其中之一。

统一后的意大利欣欣向荣。新政权在罗马建立了一所大学，那就是罗马大学，是亚平宁半岛最好的大学。政策的倾斜必然带来资源的得天独厚。这里云集了一批意大利最优秀的学者，可谓是人才济济。

1871 年，康尼查罗来到了罗马大学，担任化学教授。在罗马大学，他用一半精力从事教学工作，另一半精力从事有机化学研究。此外，他还是意大利王国的议员、副议长、国家教育委员会委员、国家财政委员会成员等。只要看一看这些头衔，就知道康尼查罗对于意大利的重要性了。毫无疑问，他会做出很多贡献，包括培养优秀人才、研究理论化学和在社会政治生活中的建言献策。

4. 从历史中发现线索

“以铜为镜，可以正衣冠；以古为镜，可以知兴替；以人为镜，可以明得失。”这句话是唐太宗李世民说的，这句话的重要意义不仅在人生方面，在生活方面甚至对研究工作也有启发。那就是从历史中寻找问题，发现线索。

康尼查罗其实是通过研究化学史，最终论证了原子－分子论的。他的研究结果澄清了混淆化学界多年的模糊认识和概念不确定问题，他的研究方法充分体现了逻辑性与历史性的统一。

康尼查罗在热那亚大学讲授理论化学时，对于分子和原子概念的解释不尽如人意，他想突破这一难题，但没有好的办法。于是，他翻阅了大量的化学文献，阅读了历史上重要化学家关于原子概念和分子假说的论文。道尔顿的原子论和阿伏伽德罗的分子论就这样引起了他的注意。

他发现，阿伏伽德罗的分子假说提出之后的几十年间竟没有人去理会。而这一假说在厚厚的灰尘下却难掩其光芒。因此，他重新研究了道尔顿的原子论和阿伏伽德罗的分子论，提出它们的实验依据。通过考察，他找出了当下学术混乱问题的症结所在。

要解开这一症结，必须掌握更多的化学事实。顺着这样的思路，他考察了贝采里乌斯的电化二元论以及杜马对它的批判。他总结了杜马所做的与分子论相关的工作，考察了许多化学家的研究成果，沿着历史的线索对一些化学理论和测定方法进行了分析和总结。

5. 康尼查罗的重要贡献

康尼查罗在理论化学方面所做的贡献如下所示。

（1）他特别指出阿伏伽德罗的分子假说是盖－吕萨克气体化合定律的自然结论，从而说明了分子假说是有根据的。

（2）他指出，一些化学家不接受阿伏伽德罗分子假说的重要原因是过分地信赖贝采里乌斯的电化二元论。而有机化学中的卤素取代氢的实验事实恰好证明电化二元论是有严重错误的。

（3）他说明了如何根据阿伏伽德罗的分子假说，运用蒸汽密度法测定和计算分子量。令人信服的是，他运用气体密度法测定了氢、氧、硫、氯、砷、汞、溴等单质和水、氯化氢、醋酸等化合物的分子量。

（4）在测定分子量的基础上，他结合分析化学的基本理论，提出了确定原子量的合理方法，论证了阿伏伽德罗假说与杜隆－珀蒂定律（Dulong-Petit law）的关系。杜隆－珀蒂定律是法国物理学家皮埃尔·路易·杜隆（Pierre Louis Dulong，1785—1838）和阿列克西·泰雷兹·珀蒂（Alexis Thérèse Petit，1791—1820）于1819年提出的，是由实验推导出来的关于固态单质的物质热容量与原子量之间的关系。

（5）他指出了当量与原子量之间的不同[①]。

（6）他根据大量的实验资料证明，无论在无机化学中，还是在有机化学中，原子量只有一套。他说，化学定律对无机化学适用，对有机化学同样适用。

（7）他确定了化学式的书写原则，为后来化学语言的规范表达奠定了良好的基础。

6. 统一认识

康尼查罗所做的工作，澄清了多年来困扰化学界的模糊认识和错误观念，为原子－分子论的确定扫除了障碍。他关于理论化学的核心思想正是《化学哲学教程大纲》这本小册所陈述的主要内容。

一时间，康尼查罗的卓越工作和他的小册子受到了同行的高度评价。德国化学家迈尔就曾感慨地说："这本篇幅不大的小册子对于大家争执中最重要的观点阐述得如此清楚，使我深感惊奇。读了这篇论文，好像眼前的屏障剥落下来一样，许多疑团烟消云散。"

我们知道，迈尔和门捷列夫共同发现了化学元素周期律。他们两人也参加了1860年在德国卡尔斯鲁厄的那次会议。在从卡尔斯鲁厄返回的路上，迈尔又通读了《化学哲学教程大纲》，全然没有感觉到颠簸的路程带给他的不舒服。

康尼查罗的合理阐述，把原子论和分子假说整理成一个协调的系统。正是康尼查罗的工作，才使阿伏伽德罗的假说重见天日，原子－分子论被化学家接受。原子－分子论的确立，直接促成了化学元素周期律

---

① 今天的化学教科书中已经没有了当量的概念，而在康尼查罗那个时代，它是有积极意义的。

的发现和有机化学理论体系的建立。

康尼查罗对化学发展的巨大贡献，使他获得了世界声誉。1862 年，英国皇家学会推选他为会员。十年之后，英国皇家学会又授予他一枚特制的法拉第奖章。1906 年，为了庆祝康尼查罗 80 岁寿辰，在罗马举行了国际应用化学代表大会。这时的康尼查罗德高望重。1910 年 5 月 10 日，这位著名的化学家离开了人世。

第六章

测定原子量的历史

化学工作者经常要跟原子量打交道，因为他们必须知道，在化学反应过程中反应掉了多少物质，又有多少新物质生成。

在中学阶段，原子量是学生必须要掌握的概念。那最早的原子量是如何测定的?

在化学发展的历史进程中，原子量的测定非常重要。道理很简单，因为没有准确的原子量，就不可能有靠得住的分子式，对化学反应重要意义的了解也就无从谈起。当初门捷列夫构造元素周期表时，依据的就是原子量。

也许会有人问，什么是原子量。简单地说，原子量就是一个原子的重量。正如我们每个人的体重。问题在于，我们生活在宏观世界，很容易称出自己的体重，而原子是微观世界的粒子，我们既不能看见，又无法摸到。我们根本不能把它们一个一个地分开，该如何给原子称重?

一、道尔顿——“第一个吃螃蟹的人”

说到原子量的测定，我们首先想到的就是英国化学家道尔顿。当初，道尔顿在提出原子论的时候，就试图确定元素的原子量。他的基本想法是，不同元素的原子应该具有不同的重量（现在叫质量），既然它们有重量，我们就有可能把它们测出来。

在道尔顿那个年代，实验条件还比较简陋，测量手段也很落后。在这样的条件下，要确定各种元素的原子重量就是一件十分困难的事情。

确定一种物质的重量很容易，只要称量就能办到；也不难知道，一种化合物由哪些元素组成。难题在于，如何称出一个原子的重量，哪怕是一个最简单的原子。

道尔顿在确定原子量的时候，采用了主观和武断的方法——人为规定不同元素的原子在形成化合物时的数目比，按照如下思路来确定元素的原子量。

以水为例。道尔顿认为，水分子由 1 个氧原子和 1 个氢原子组成。他选择氢原子的相对重量为 1，以它为基准，根据当时拉瓦锡对水的重量进行分析的结果，算出了氧原子的相对重量[①]是 5.5。虽然这一数据与真实结果相差甚远，但道尔顿提出的相对原子量概念具有划时代意义。他成为化学史上测定原子量的第一人，成为这一领域的拓荒者。

道尔顿提出并建立了一个相对标准做参照，这一点非常重要。在测定原子量的时候，首先选一个参照为基准，这是解决其余问题的前提；其次，要有准确的定量分析手段，并且要明确单质和化合物分子中各元素原子的数目。这在当时是很难做到的。

道尔顿的可贵之处就在于，他是“第一个吃螃蟹的人”。在其著作《化学哲学新体系》中，道尔顿提出了相对原子重量思想，他的研究结果不仅提升了我们的化学悟性，还使我们对试管里即将发生的化学反应更加先知先觉。

1803 年 10 月 21 日，在曼彻斯特举行的文学和哲学学会上，道尔顿阐述了他的原子论思想，第一次公布了 6 种元素的相对原子重量。他只是给出了数据，并没有提到得出这些数据的实验根据。

此后的 20 多年，他在自己最重要的著作《化学哲学新体系》的初版和修订版中不断增加新的原子量，使其最终达到 37 种，并对部分相对原子重量数值做了修正。

今天看来，道尔顿的数据有很大问题。但不要忘了，道尔顿生活在两个世纪以前。那时候，在确定原子重量方面，化学家“两眼一抹黑”；在确定物质组成方面，道尔顿的主观和武断似乎可以理解。

道尔顿的工作极具开创性，其重要意义在于，相对原子重量思想为那个时代的化学工作者开辟了一条道路，沿着这条路往前走，就会越来越接近正确答案。道尔顿的工作使化学向系统化和定量化更近了一步。

我们在学习自然科学的同时，要学会用历史的眼光看待历史人物。

---

① 当时只能这么称呼。演变到今天，就是相对原子质量。

化学家道尔顿

在这个过程中，科学判断、理性思考和辩证分析必不可少。恩格斯对道尔顿的评价很高，他在《自然辩证法》中说："由于道尔顿发现了原子量，各种结果都有了秩序和相对的可靠性，化学家们就能够系统地和有计划地探索未知领域，这就像在军事上围攻一座城堡，作战计划早就成竹在胸。"

化学发展到今天，测定相对原子质量已经不是难事，甚至从教科书里的某些理论出发，就能找到测定相对原子质量的理论依据和基本方法。只要肯用心，就能轻而易举地设计出几种测定相对原子质量的实验方案。

二、贝采里乌斯——近代化学大厦的建筑师

越来越多的化学家意识到，相对原子质量是一个重要概念。但问题是，道尔顿提出的数据不可靠。接受了他的思想，却对他的结果表示怀疑的大有人在，贝采里乌斯（J.J.Berzelius，1779—1848）就是其中之一。

因此，在道尔顿之后，许多化学家投身到测定原子量的行列中。19 世纪上半叶，测定原子量成为化学研究的热点，这一工作有力地促进了化学科学的发展。

在这些化学家中，瑞典化学大师贝采里乌斯是做得最出色、成就最显著的一位。在化学发展史上，贝采里乌斯非常有名。人们往往把他比喻为近代"化学大厦"的卓越建筑师，在后面的某些章节我们还会提到他。

贝采里乌斯的实验室极其简陋，而就是在这样的实验室里，他测定了大约 2000 种化合物的原子当量关系。这项工作花了他近 20 年时

间。实验为他积累了大量数据，为他测定原子量奠定了坚实的基础。他用自己的工作修正了道尔顿原子量测定过程中的一些错误。

贝采里乌斯高瞻远瞩，因为他认识到了这项工作的重要意义，所以不惜花费20年时间把这项工作当成一生中最重要的任务。

鉴于氧化物的广泛存在，贝采里乌斯就把氧的原子量作为基准，规定氧的原子量为100。对于化合物组成，贝采里乌斯同样采用了最简比的假定。他善于对其他化学家的科研成果进行消化吸收，使其为他的测定工作提供理论支撑和方法借鉴。

这些化学家包括发现气体反应体积简单比定律的盖-吕萨克、提出原子热容定律的杜隆（P. L. Dulong，1785—1838）和珀蒂（A. T. Petit，1791—1820）、提出同晶型定律的米希尔里希（E. E. Miischerlich，1794—1863）等，其中米希尔里希是贝采里乌斯的学生。

1828年，贝采里乌斯结合原子热容定律和同晶型定律，纠正了钠、钾和银的原子量，这几种元素的原子量过去测定错了。

1814～1826年的12年时间里，贝采里乌斯先后发表了三张原子量表，所列元素多达49种。其中一些原子量已接近现代原子量数值，这真是难能可贵。

只要想一想当时科学技术的发展水平和分析测试的条件限制，你就会对贝采里乌斯肃然起敬。19世纪初期，个别地方的人还生活在石器时代，更多地方的人沉浸在原始农耕的生活方式里，落后地区的人们甚至还不知道化学是什么。

贝采里乌斯善于博采众长，对待工作持之以恒，这样才能测定出相对准确的原子量，他的这项工作为门捷列夫发现元素周期律打下了基础。

贝采里乌斯还是采用字母作为化学元素符号、采用元素符号表达化合物化学式的第一人。1813年，他发表了自己的第一张元素符号表。在这张元素符号表中，他用每种元素的拉丁文名称的开头字母作为这种元素符号，这一原则沿用至今。例如，硫的元素符号是S（拉丁文是sulphur），硅的元素符号是Si（拉丁文是silicium），碳的元素符号是C（拉丁文是carbonicum），氧的元素符号是O（拉丁文是oxygenium），等等。

对标识化合物组成的化学式，贝采里乌斯的表达也很实用。他将化学式中的原子数目写在这种元素符号的右上角。今天只是对这种写法做了小小的改动，即把右上角的数字改到右下角。例如，二氧化碳是CO_2，三氧化硫是SO_3，二氧化氮是NO_2。

贝采里乌斯为我们创造了简明扼要的化学语言，这样一来，化学之路更加通畅。

三、斯达与理查兹的卓越功绩

康尼查罗虽然使原子量的测定工作步入正确轨道，但所得到的只是原子量的约值。要使化学成为一门定量和精确的科学，这还远远不够。

如何测得精确和“真实”的原子量还是一个问题，对当时的研究工作来说，仍旧荆棘丛生、困难重重。

首先，用于测定的化合物必须足够纯净，这意味着必须设计好每一步提纯工序，即使这样，最终能满足测定要求的化合物也有限；其次，必须有严密的实验方案、干净的实验环境和可靠的分析方法；最后，要有高超准确的实验操作技能，以确保实验数据有良好的重现性。

19世纪，测定原子量是相当复杂的事情，并非所有实验化学家都能胜任。在精确测定原子量方面，比利时化学家斯达（J. S. Stas，1813—1891）是早期做得最好的一位。1860年，他提出采用O=16为原子量基准。

斯达掌握了各种制备纯净物质的方法，他提高了蒸馏水的纯度，目的是防止引入杂质。他将天平的灵敏度提高到 0.03 毫克。只要把斯达使用的天平跟自己常用的天平的灵敏度比较一下，就知道斯达的天平有多么精密了。最后，他选用易被制成高纯度的金属银作为测定基准物。

斯达的工作可以用“精益求精”一词形容。1857 ～ 1882 年的 25 年时间里，斯达测定了多种元素的原子量，将结果精确到了小数点后 4 位数字，这个精确度与现在原子量的测定值已相当接近。

继斯达之后，美国化学家理查兹（T. W. Richards，1868—1928）的工作更为出色。理查兹发现，斯达使用的银中含有少量氧，于是采用如下方法改进了斯达的实验。将 $AgNO_3$ 经过 15 次重结晶之后将其还原，再将还原后的银放置在石灰石上，在氢气中熔化。这样得到的银就不含氧了。

这个实验操作步骤多，每一步都必须十分小心，完成整个实验流程不仅费时，而且费事。没有细心，没有耐心，没有严谨的科学态度，是很难准确测定原子量的。

理查兹最终将银的原子量从 107.93 修正为 107.88，这个值与现代银的原子量（107.8682）更加接近。从 1904 年起，理查兹和他的学生通过大量的分析测定工作修正了斯达的原子量值。他正因此项工作荣获 1914 年的诺贝尔化学奖。在化学发展史上，理查兹是唯一因精确测定原子量而荣获诺贝尔奖的化学家。

四、原子量基准的演变与现代原子量的测定

众所周知，在测定原子量时，基准的选择至关重要。最早的原子量基准是道尔顿提出的，他以 H=1 为基准。后来，贝采里乌斯提出了

以 O=100 为基准。1860 年，斯达提出了一个新的基准，即 O=16。这一基准很快得到化学界公认，在此后的一个世纪里，一直沿用这个基准。

随着化学科学的不断发展和原子量数值精确度的不断提高，O=16 作为基准的不足开始显现出来。特别是到了 1929 年，美国化学家乔克（W. F. Giauque，1895—1982）等在天然氧中发现了氧的同位素（氧的同位素有三种，分别是 ^{16}O、^{17}O 和 ^{18}O）后，这一问题就更加突出了。

化学和物理两大领域采用的原子量基准是不一样的。化学的原子量基准选用的是天然氧，而物理的原子量基准选用的是 O = 16（即 ^{16}O）。因此，测定的原子量值就出现了一些混乱。

消除混乱、统一认识是当时的重要任务。化学家们先后提出了许多建议，如有人试过以 He=4（^{4}He）为基准，以 F = 19（^{19}F）为基准，但总觉得有不足。

1957 年，美国质谱学家尼尔（A. O. Neer）和化学家厄兰得（A. O. Lander）提出以 C = 12（^{12}C）为基准。由于这一基准有利于采用质谱法测定核素的原子量，所以它得到了德国著名质谱学家马陶赫（J. Mattauch，1895—1976）的支持。

1959 年，国际纯粹与应用化学联合会（International Union of Pure and Applied Chemistry，IUPAC）接受了马陶赫的意见，建议使用 C=12 为原子量基准。

1960 年，国际纯粹与应用物理联合会（International Union of Pure and Applied Physics，IUPAP）接受了这项提议。于是，一个世界公认的新基准诞生了。现代测定原子量的方法主要有化学方法和物理方法，而物理方法就是质谱法。

质谱法测定相对原子质量的方法是，先测定同位素的相对原子质量，再根据其在自然界的丰度进行计算，就得到一种元素的相对原子质量。它所使用的仪器就是质谱仪。这种方法的最大优点是精度高。现代原子量几乎都是由质谱法测定得到的。

如果你想了解这一方法的细节，需要去阅读相关专业书籍。

第七章

卤素家族

每一个上过中学的人都知道卤素家族的性质和特点，以及它们的制备方法和用途。卤族元素是周期表中非常重要的元素，它们是典型的非金属元素，其化学性质非常活泼，这意味着它们只能以化合态的形式存在于自然界中。

在这一章，笔者沿着历史的足迹从发现和制备的角度介绍卤族元素，相信读完这个元素家族里一些重要同胞的故事，你对它们的脾性和特点就能知道个大概了，同时可以从中体会发现的不易，以及看到希望曙光时的幸福。

这一族元素主要包括氟、氯、溴、碘、砹，它们都是非金属元素，也是很不稳定的元素。用化学的术语说就是，它们的化学性质活泼。说得形象些，就是它们很不安分守己。

可能正是这样的原因，其发现过程几乎消耗了化学家们一个世纪的时间。18～19世纪是科学启蒙和学术蓬勃兴起的时期。可以说，这些元素的发现凝聚着世纪的沧桑，闪烁着科学的辉煌。

阅读化学史，我们就会发现，卤素家族的大部分元素是由法国科学家发现的。那是因为，18世纪下半叶至19世纪上半叶，在启蒙运动的影响下，法国科学得到了长足发展，巴黎甚至成为世界科学的中心，而英国在这一方面却有些黯然失色。

一、库特瓦和碘

碘与生活的关系密切。生命离不开碘，我们吃的盐里面要加微量的碘（以碘酸钾的形式存在）。这里因为在很多地方，靠自然摄取不能得到足够的碘来维持人体的元素平衡。平衡不能维持，疾病就会侵袭。另外，医院里消毒杀菌的碘酒就是碘的酒精溶液。

碘的发现者是法国人库特瓦（Bernard Courtois，1777—1838）。1777年2月8日，库特瓦出生于法国的第戎。

他的父亲在当地经营着一家硝石工厂，同时也是第戎学院的一位任课老师。第戎学院是一所著名大学，他父亲经常在那里做精彩的化学讲演。库特瓦自小耳濡目染，对化学的热爱与日俱增。

成年之后，库特瓦分别在孚克劳（Antoine Francis de Fourcroy，1755—1809）、泰纳（Lauis Jacques Thenard，1777—1857）和塞古恩（Seguin，1762—1838）的指导下学习。塞古恩是法国化学家，曾在著名化学家拉瓦锡的实验室里担任其助手，进行呼吸作用、量热学研究，他们共同研究了五年，那五年是他们取得丰硕成果的黄金时期。后来，法国大革命失败，雅各宾派执政，拉瓦锡被送上断头台。

学成归来后，库特瓦帮助父亲经营硝石工厂，工厂生产的产品直接与武器有关。在这一岗位上，他几乎干了一生。

在靠近大海的地方，许多浅滩生长的海生植物被潮水冲到岸边。退潮后，库特瓦常到海边采拾这些藻类植物。他要这些藻类植物有什么用呢？做实验，从中提取有用的东西，研究它们的性质。

他的实验并不复杂。首先，他把这些藻类植物晒干后烧成灰，再加水浸取、过滤。他把得到的溶液叫作“海藻盐汁”。现在我们知道，这种溶液里含有钠、钾、镁、钙的卤化物、硫酸盐等。库特瓦试图从“海藻盐汁”中提取的物质就是氯化钠、氯化钾、硫酸钾等。

他通过蒸发溶液得到这些物质。在较高的温度下，氯化钠的溶解度最小，最先结晶析出，其次是氯化钾和硫酸钾。

有一天，他把浓硫酸加入其中。这时，容器里慢慢冒出了紫色的蒸气，宛如紫色的云彩缓缓上升。这一现象使库特瓦惊喜不已。库特瓦明显感到，这种紫色蒸气令人窒息。库特瓦发现，当紫色蒸气在冷的物体上凝结时，并不变成液体，而是成为一种紫黑色且带有金属光泽的晶体。

这件事发生在1811年。那一年，阿伏伽德罗提出了分子假说。现在我们知道，发生这个现象是因为浓硫酸是强氧化剂，它能轻而易举地将里面的碘离子氧化成碘分子。

库特瓦继续用这种新物质进行实验。他发现，这种新物质不易与氧或碳发生反应，却能与氢和磷化合，还能与几种金属直接化合。尤为奇特的是，这种新物质在高温下很稳定。这一特征使库特瓦猜想，他可能发现了一种新元素。

在简陋的实验室里，库特瓦完成了这项重大的发现。为了证实他的发现，他请另外两位法国化学家德索尔姆和克莱芒进一步进行研究，并允许他们自由地向科学界宣布这种新元素的发现过程。

1813 年，两位化学家写出了研究报告《库特瓦先生从一种碱金属盐中发现的新物质》。他们是这样描述库特瓦的工作的："从海藻灰所得的溶液中含有一种特别奇异的东西，很容易提取，方法是将浓硫酸倒入溶液中，放进曲颈甑内加热，并用导管将曲颈甑的口与球形器连接。溶液中析出一种黑色有光泽的粉末，加热后，紫色蒸气冉冉上升，蒸气凝结在导管和球形器内，结成片状晶体。"

他们相信，这种结晶是一种新元素，性质与氯相似，于是他们就向法国物理学家安培（André-Marie Ampère，1775—1836）和英国化学家戴维（Humphry Dary，1778—1829）报告了这一发现。戴维用直流电将碳丝烧到红热，然后与这种结晶接触，并不能使它分解，戴维也相信这是一种新元素。

这一发现使库特瓦兴奋不已。于是，他重复前面的实验，制出了很纯的碘，分送给化学界的朋友们。

1814 年，这一元素被定名为"碘"（iodine，元素符号是 I）。

二、巴拉尔发现了溴

1802 年 9 月 30 日，巴拉尔（Antoine Jerome Balard，1802—1876）出生在法国蒙彼利埃的一个普通家庭。他的父母整天忙于造酒，把他的饮食起居甚至教育都交给了他的教母。巴拉尔的教母发现他很聪明，一心要培养他成才。17 岁时，巴拉尔毕业于蒙彼利埃中学，之后进入药学院学习药物学。24 岁时，巴拉尔获医学博士学位。

1824 年，巴拉尔在研究盐湖中的植物的时候，把从大西洋和地中海沿岸采集的黑角菜燃烧成灰，然后用浸泡的方法得到一种灰黑色的浸取液。他往浸取液中加入氯水和淀粉，溶液随即分为两层。下层显蓝色，这是由于淀粉与溶液中的碘生成了加合物；上层显棕黄色，这是一种以前没有见过的现象。

巴拉尔仔细分析了这种棕黄色的物质，认为有两种可能的情况。一是氯与溶液中的碘形成了新的化合物氯化碘，另一是氯把溶液中的新元素置换出来了。巴拉尔苦思冥想，试图把新的化合物分开，但没有成功。于是，巴拉尔猜测，这种棕黄色的物质可能不是氯化碘，而是一种与氯、碘相似的新元素。

化学反应的神奇之处就在于它带给我们的视觉感受，就是我们常说的化学现象。在这一系列化学现象的背后，却是原子的排列与组合。

巴拉尔用乙醚将棕黄色的物质萃取分出，再加氢氧化钾，溶液的棕黄色褪去了。我们现在知道，这是因为溴在强碱性条件下已经转变为溴化钾和次溴酸钾了。

加热蒸干溶液，剩下的物质酷似氯化钾。将剩下的物质与浓硫酸、二氧化锰共热，结果产生一种红棕色有恶臭的气体，冷凝后又转变为深红棕色易挥发的液体。巴拉尔判断，这一定是与氯和碘相似的新元素，它在室温下呈液态。事实确实如此。

1826 年 8 月 14 日，法国科学院审查了巴拉尔的新发现。审查工作由孚克劳、泰纳、盖-吕萨克（Joseph Louis Gay-Lussac，1778—1850）三位法国化学家共同负责。审查结束后，他们签署的意见这样写道："关于溴是否是一种极简单的物质是一件非常重要的事情，现在我们非常有必要知道这个细节，我们已经做过的实验还不足以充分证明它确实是极简单的个体，然而我们认为这是极有可能的。巴拉尔先生的报告很有价值，即使将来人们证明溴并不是一种单体，他所罗列的这些结果足以引起人们的极大兴趣。我们认为这位青年化学家完全值得受

这些普通的玻璃仪器中有时候会有奇迹发生

到科学院的鼓励。”三位科学家当时把溴的名称定为bromine，是“恶臭”的意思。溴的元素符号是Br。在化学发展史上，溴的发现是一个重大发现，也给巴拉尔带来了盛誉，巴拉尔站在了更高的起点上。

说到溴的发现，还有两个故事值得一提。第一个故事与化学家罗威（Carl Lowig，1803—1890）有关。当时，罗威是德国海德堡大学的学生。罗威的家乡在克罗次纳克，那里有一眼泉水含盐量很高，而一般的泉水都是淡的。

罗威想知道里面到底含些什么。1825年，他往这种盐泉水里通入氯气时，发现溶液变为红棕色。他把这种红棕色物质用乙醚萃取提出，再将乙醚小心蒸发，得到了红棕色的液体，这其实就是单质溴。所以说罗威也独立地发现了溴，只是比巴拉尔晚了一年。

第二个故事与德国化学大师李比希（Justus Freiherr von Liebig，1803—1873）有关。早在巴拉尔之前，一家工厂就给李比希送来了一瓶液体，请他分析这是什么物质。李比希没有通过实验进行分析，武断地认定瓶里的液体是氯化碘（其实那是一瓶溴）。

后来他听到巴拉尔发现溴的消息，才认识到自己犯了一个严重错误。这是一个深刻的教训。李比希为了警示自己，特地把那个瓶子放在一个被他称为“错误之柜”的箱子中，作为永远的警示。

三、氯的发现和确认

从少年时代起，瑞典化学家舍勒（Carl Wilhelm Scheele，1742—1786）就在药房当学徒，他迷恋实验室工作。当时的化学实验室都很简陋，不论是仪器还是设备。舍勒的实验室就更不用说了。舍勒一生做了大量的化学实验，涉及内容非常广，发明也特别多，他把短暂而勤奋的一生都献给了化学事业。30多岁时，舍勒已经誉满欧洲。

1774 年，舍勒发现了氯气。当时，他正在研究软锰矿（二氧化锰）。当他将浓盐酸与软锰矿混合并加热时，产生了一种黄绿色的气体，这种气体强烈的刺激性气味使舍勒感到极为难受。这种气体以前还从来没见过，当他意识到自己制得了一种新的气体时非常高兴，但舍勒并不清楚它究竟是游离态的单质气体还是化合态的气体。高兴之余，舍勒把这种气体溶解在水里，发现其水溶液对纸张、蔬菜和花卉都具有永久性的漂白作用。他还发现氯气能与金属或金属氧化物发生化学反应。

舍勒制备氯气的实验装置和今天化学教科书中实验室制备氯气的装置大体相似。就是这个简单装置，实现了从一种物质到另一种物质的真正转变。这种新物质是一种黄绿色、刺激性和有毒的气体。

从 1774 年发现氯气之后的 30 多年间，科学家对这种气体的性质进行了深入研究。我国最早将这种气体译作“绿气”，后改为“氯气”。

后来，法国化学家贝托雷（Claude Louis Berthollet，1748—1822）继续研究氯气的性质。他首先将氯气通入一个冷的空玻璃瓶里，让氯气里的含酸蒸气受冷凝结，再将除去酸蒸气的氯气依次通入三个盛满水的瓶子。他发现，氯气还能溶于水。而且，溶有氯气的水溶液在有光照的地方可以分解成盐酸和氧气。

中学化学讲到了有关的知识。这是因为氯和水反应生成的次氯酸在光照下能够分解。过去很长一段时间，我们往自来水中通少量氯气，利用这个反应进行杀菌消毒，因为次氯酸具有强氧化性。

据此实验，贝托雷判断，氯气是盐酸和氧松散结合的化合物，因此露置在阳光下就分解了。其实在当时，化学家曾用许多强烈的药剂或其他手段来处理氯气，都未能使它分解为盐酸和氧。这显然与贝托雷的判断矛盾。

贝托雷错误判断的根源在于，忽视了水和氯气的反应。再往前看，是由于他深受拉瓦锡“所有的酸中都含有氧基”结论的影响。我们知道，拉瓦锡在提出燃烧的氧化理论的同时，提出了“氧是成酸元素”的观点，认为一切酸中均含有氧。

按照这一理论，盐酸应是一种氧化物的水化物，犹如硫酸、硝酸或磷酸。而氯气是盐酸经二氧化锰氧化得来的，应该含有更多的氧，当时的人们就将氯气称作“氧化盐酸”。这看起来合情合理。从这样的思路出发，结果就是，氯气不仅不是一种单质，还应比盐酸具有更复杂的结构和更大的分子量。贝托雷的结论很温和地维护了拉瓦锡的思想，但其实是错的。

1809 年，法国化学家盖-吕萨克和泰纳用分解法研究盐酸的组成。当时，戴维已经用电解法制出了金属钾，并证明钾是一种元素。于是，他们就用金属钾和铁与“盐酸气”（氯化氢气体）反应，看它是不是能够放出氯气。做完实验后，他们说：“我们考察金属钾与‘盐酸气’的反应时发现，在寻常温度下，这个反应很慢；但将熔融的钾放进‘盐酸气’中立刻燃烧发光，结果得到氯化钾和氢。在这个实验中收集的氢气的体积，恰和同样质量的钾与水接触时生成的氢气相等。”这个实验证明，不是氯气分解成盐酸和氧，而是盐酸分解成氯和氢。

还是在 1809 年，盖-吕萨克和泰纳用合成法证明了盐酸的组成。他们把等量的氢气和氯气混合在一起静置数日，或稍微加热，或露置日光中，都能化合成“盐酸气”。这个实验证明了“盐酸气”是氢气和氯气的化合物，而且是这两种气体化合而成的唯一物质。

盖-吕萨克和泰纳的实验确定了盐酸的组成。然而在他们看来，氯气仍然是一种化合物。这同样是因为拉瓦锡的“氧是成酸元素”的论点已深深地印在广大化学工作者的脑子里。

盖-吕萨克和泰纳对此深信不疑，因此他们认为氯是某种“基”的氧化物。既然氯气是某种“基”的氧化物，那么盐酸就应该是某种“基”跟氧和氢的化合物。如果联系贝托雷的结论，就可以看出他们的矛盾所在。

最终解决这个难题的是英国化学家戴维。戴维在研究碲的化学性质时发现，碲化氢是一种酸，但它并不含有氧，这是一个很有价值的发现。从那时起，他开始怀疑氧是否存在于所有的酸中。

为了寻找更多的证据，戴维开始研究盐酸。按照拉瓦锡的观点，舍勒用浓盐酸与二氧化锰作用制得的黄绿色气体是氧化盐酸。既然盐酸是由氧和另外一种未知的“基”所组成，那么氧化盐酸就一定是由这种“基”与更多的氧化合而成的。但是戴维想尽了一切办法也无法从氧化盐酸中把氧分离出来。在描述他的实验时，他是这样说的：即使木炭被伏打电堆烧成白热状态，也不能使氧化“盐酸气”发生任何变化，我多次重复这个实验，结果都是一样，因此我怀疑这些物质中是否存在着氧。

人们说，从怀疑中期待发现，现在看来，确实不假。

戴维重复了盖-吕萨克和泰纳合成盐酸的实验，证实了氯和氢化合成盐酸的结论的正确性。他就想，既然实验中没有发现氯气或盐酸中有氧存在，为什么要说它们含有氧呢？如果氯真是一种元素，那么有关氯的所有实验才能得到合理的解释。

1810 年 11 月，戴维在英国皇家学会宣读了他的论文，正式提出氯是一种元素。戴维在做大会报告时说，只要不存在水，氧化盐酸所发生的一切反应都不会产生氧。他认为，最好把氧化盐酸看成一种不能被分解的物质，即元素。

戴维以无可辩驳的事实确认，氧化盐酸绝不是一种化合物，而是一种化学元素，他将这种元素命名为 chlorine（中文译名为氯，原意就是黄绿色的），元素符号是 Cl。

戴维进一步指出，所有剧烈发光、发热的反应（如铁丝、铜丝、氢气在氯气中的燃烧等）都是氧化反应，氯和氧一样可以助燃，氧化反应不一定非要有氧气参加，经氧化反应生成的酸中也未必一定含有氧。戴维的学术思想既是对拉瓦锡理论的继承，又是在其基础上的创新。

戴维认为，酸中含氧与否其实是非本质性的，无氧酸中就不含氧。但是酸中都含有氢，氢在酸中具有重要意义。当时，这个卓越的见解并未引起人们的注意。直到 1837 年，德国化学家李比希对酸类进行了全面的研究和综合分析后，才放弃了酸的二元论（酸基 + 水），戴维关于酸的氢学说才得以复兴。

1774年，舍勒发现氯气，到1810年，氯气才被戴维确认为是一种元素，其间经历了36年。

四、氟的制取最不容易

在化学元素发现史上持续时间最长、参加人数最多、危险最大、工作最难的研究课题，莫过于氟单质的制取了。

1810年，法国物理学家安培指出，氢氟酸中含有一种新元素——氟。到1886年，法国化学家莫瓦桑（Henri Moissan，1852—1907）制得单质氟，历时76年之久。可见氟的制取是多么艰难，而这其中透露出的信息是，单质氟一定是一种极不稳定的物质。

为了制取氟和研究它的性质，化学家们前仆后继，不惜损害自己的身体健康，甚至被氟气或氟化物夺去了宝贵的生命。他们的执着追求为我们留下了一段极其悲壮的历史。

早在16世纪，人们就开始利用氟化物了。1529年，德国医生兼冶金学家阿格里柯拉就描述过利用萤石（主要成分是氟化钙）作为熔矿的熔剂的情景。在粉碎的矿石中加入萤石，其在熔融时变得更加容易流动。这是氟化物在实用方面的技术记录。

1670年，玻璃加工作坊开始利用萤石与硫酸反应所产生的氢氟酸腐蚀玻璃，从而不用金刚石就能在玻璃上刻蚀出人物、动物、花卉等图案。用这样的方法不仅绘出的图案美观，还节省人力、物力。

1768年，德国化学家马格拉夫（Sigismund Andreas Marggraf，1709—1782）发现萤石与石膏和重晶石不同，从而判断出它不是硫酸盐。他的研究已经涉及物质的组成和结构。他用浓硫酸处理萤石从而得到了氟化氢。

1771年，化学家舍勒用曲颈甑加热萤石和浓硫酸的混合物，发现玻璃瓶内壁被腐蚀。后来很多化学家研究过氢氟酸，发现它的性质很像盐酸，稳定性却高于盐酸。我们今天知道，这主要是因为分子内氢键的形成使其有了一定程度的缔合。但它对玻璃和一些硅酸盐矿物的腐蚀性却很强。而且，它有剧毒，挥发出的蒸气更加危险。

1810年，戴维确认氯气是一种元素而非化合物，同时也指出，酸中不一定含有氧元素。这一突破性的见解给法国物理学家和化学家安培很大的启发。他在对氢氟酸的性质进行研究后指出，其中可能含有一种与氯相似的元素。他将这种未知的元素称为“氟”(fluorine)，意思是有强腐蚀性的，元素符号是F。氟化氢是这种元素与氢的化合物。他将这一观点告诉了戴维。在他的启发下，戴维准备致力于用强有力的伏打电堆制备纯净的氟元素。

人们发现了氯、溴、碘之后，就将各种氟化物与相应的其他卤化物对比，发现它们有极相似的性质，据此判断，氟、氯、溴、碘应属于同类元素，它们是一个家族里的几个兄弟。

早在19世纪初，化学家就测得了氟的原子量为19。1864年发表的元素表中就列出了氟正确的原子量。但这时科学家们并没有得到单质氟。

1813年，戴维开始用电解氟化物的方法制取单质氟。他用白金做容器，结果做阳极的白金被腐蚀了，还是没有游离出氟。后来他改用萤石做容器，腐蚀问题虽解决了，但也没有得到氟。而戴维却“出师未捷，身受其害”，这都是因为氟化氢的毒性太强。他患病之际，不得不停止了实验。

接着冲锋在前的是乔治·诺克斯(G. Knox)和托马斯·诺克斯(R. T. Knox)兄弟俩。他们把一片金箔放在玻璃接收瓶顶部，再用干燥的氯气处理氟化汞。实验证明金变成了氟化金，这说明反应中产生了氟。但是他们始终收集不到单质氟，也就无法确证已经制得了氟。在实验中，兄弟俩中毒，实验也不得不停下来。

继诺克斯兄弟之后，鲁耶特(P. Louyet)不避艰辛和危险，对氟作了长期的实验观察和研究，最后也因中毒太深而献出了宝贵的生命。为这一事业牺牲的还有法国化学家尼克雷（J. Nickles）。

受以上科学家研究工作的启发，德国化学家雪村贝格（Schutzenberger）指出，氢氟酸中所含的这种元素是一切元素中最活泼的，要将这种元素从它的化合物中离析出来是一件非常困难的事情。法国自然博物馆馆长、工艺学院教授弗雷米（E. Fremy，1814—1894）也认为，电解可能是制取单质氟唯一可行的方法。

在实验方面，弗雷米用高温分别加热氟化钙、氟化钾和氟化银至熔融，然后进行电解。阴极能析出金属，阳极上也产生了少量的气体，他想尽一切办法希望能收集到这种气体，最终却一无所获。他认为，一定是温度太高，产生的氟气立即与容器和电极发生反应而消失了。他开始寻找一种常温下就是液态的氟化物。哪一种氟化物不需加热就呈液态呢？

在这一思路的启发下，他开始电解无水氟化氢。这种物质有缺陷，它呈液态却不导电。只有电解氟化氢溶液，才会有电流通过。但事与愿违，他收集到的是氢气、氧气和臭氧。他认为，那一定是电解产生的氟与水反应生成了氧气和臭氧。

与此同时，英国化学家哥尔（D.G.Gore，1826—1908）用电解法分解氟化氢，但在实验时发生了爆炸。他分析爆炸的原因后坚信，是产生的少量氟气与氢气发生了剧烈反应才导致爆炸。他还试过多种电极材料，如碳、金、钯、铂。在电解时，碳电极被粉碎，金、钯、铂也不同程度地被腐蚀。

虽然众多化学家没有制得单质氟，但是他们的心血没有白费。莫瓦桑站在前人的肩上，总结经验，百折不挠，终于制得了氟气，为后人摸索出一条道路。

1852年9月28日，亨利·莫瓦桑出生于巴黎的一个铁路职员家庭。因家境贫困，莫瓦桑中学未毕业就到巴黎的一家药房当学徒，在工作中获得了一些化学知识和技艺。他对知识有一种强烈的渴望，常去旁听一些著名科学家的讲演。1872年，莫瓦桑成为法国自然博物馆馆长、工艺学院教授弗雷米的学生，在他的实验室学习化学，开始了真正的化学实验研究工作。

莫瓦桑想起他的老师弗雷米曾经说过的话：电解可能是制取单质氟唯一可行的方法。他按照弗雷米的方法，经过多次实验后，在铂制的容器中蒸馏氟氢酸钾（KHF_2），得到了无水氟化氢液体。接着他又用铂制的U形管作为容器，用耐强腐蚀的铂铱合金作为电极，用三氯甲烷作为冷却剂，将无水氟化氢冷却到-23℃进行电解。阴极上很快就出现了氢气泡，但阳极上却没有分解出气体。电解持续了近一小时，分解出来的都是氢气，连氟的影子也没有。莫瓦桑一边拆卸仪器，一边苦恼地思索着，也许氟根本就不能以游离状态存在。

当他拔掉U形管阳极一端的塞子时，竟发现塞子上覆盖着一层白色粉末状物质。这使他非常吃惊。问题就出在这里，这一层白色粉末状物质一定是塞子被腐蚀的结果。这说明，氟到底还是分解出来了，只不过和玻璃发生了反应。

这一发现使莫瓦桑受到了极大鼓舞。他顺着这个思路往下想，如果把装置上的玻璃零件都换成不能与氟发生反应的材料，那就可以制得单质氟了。"萤石不与氟起作用，就用它来试试吧"，他想到。于是他用萤石制成实验用的器皿。莫瓦桑把盛有液体氟化氢的U形铂管浸入制冷剂中，用萤石制的螺旋帽盖紧管口，再次进行电解。

奇迹终于出现了。这是多少年来化学家们梦寐以求的事情。1886年6月26日，莫瓦桑第一次制得了单质氟。这种气体遇到硅立即着火，遇到水即跟水反应生成氧气和臭氧，能轻而易举地从氯化钾中置换出氯气。通过这些化学反应，莫瓦桑证实，单质氟确实具有惊人的活泼性。

莫瓦桑关于制取氟的论文递交上去后，法国科学院为了确认这一发现，指定三位专家组成审查委员会，其中包括莫瓦桑的老师弗雷米和有机化学家贝特罗（Pieltte Engene Marceiin Berthelot，1827—1907）。那几天，莫瓦桑心情激动，因为他还不是法国科学院院士，他要以最细致的准备工作来迎接审查，以此证明自己的发现和创新。

现场验收那天，当他的老师和另外两位化学界的前辈准备目睹奇迹时，电解装置竟然出现了故障，线路中没有一丝电流通过，而以前从来没有发生过这样的事情。结果当然不会有氟的踪影。三位科学家离开后，莫瓦桑经过几天的努力，终于找到了实验失败的原因。原来，他将氟化氢蒸馏了又蒸馏，里面不含一点儿氟化钾了。

现在我们已经知道，氟化氢属于共价化合物，它和离子化合物氟化钾不同，即使液态也不电离、不导电。总之，他把氟化氢制得太纯净，而太纯净的氟化氢几乎不导电。以往实验电解的氟化氢中都含有氟化钾，残留的氟化钾使液体可以导电。

查明原因后，莫瓦桑的实验获得了成功，审查委员会终于确认了他的发现。1886 年既是他学术生涯的转机，又是他个人命运的转机。为了表彰莫瓦桑在制备单质氟和研究氟性质方面所做出的突出贡献，法国科学院发给他一万法郎的拉·卡泽奖金。莫瓦桑用这笔钱偿还了实验的费用。四个月后，他被任命为巴黎药学院的毒物学教授，同时巴黎药学院还为他建造了一个实验室。

在那里，他继续改进氟的制法，用铜制的电解容器代替价格昂贵的铂制容器，进行了规模较大的实验，每小时能电解出 5 升单质氟。他进一步制备出许多新的氟化物，如氟代甲烷、氟代乙烷、异丁基氟等。其中四氟化碳的沸点是−15℃，很适合做制冷剂。

我们今天的冰箱里用的制冷剂一般都是氟利昂，氟利昂是系列氟代烷烃的商品名称，而最早的氟利昂就是四氟化碳。可见化学和生活的关系多么紧密。

莫瓦桑将研究成果写成了《氟及其化合物》一书，这是研究氟的制备及其氟化物性质的开山之作。1906 年，莫瓦桑获得了诺贝尔化学奖。他的人生价值得到了充分肯定。

他的获奖成就是，通过电解氟化钾的无水氟化氢溶液首次制出单质氟，并对这一元素的性质及与其他元素的反应作了系统全面的研究。

他还发明了莫瓦桑电炉，并用它制备了很多新化合物。莫瓦桑电炉能提供高达 2000℃的高温，可以进行高温下的化学反应，从而开辟了高温化学这一新的领域。

1907 年 2 月 6 日，莫瓦桑得了阑尾炎。虽然手术很成功，但是他的心脏病更加严重了。他意识到，多年以来，自己的工作环境很恶劣，氟严重损伤了自己的身体。就个人命运来说，他真是“成也氟败也氟”了。他说：“氟夺走了我十年的生命。”这位闪烁着光芒的实验化学家陨落时还不到 55 岁。

氟很危险，因为它有强烈的刺激性和化学活性，有不少科学家为它献出了生命。2006 年，法兰西共和国用发行纪念邮票的方式纪念了莫瓦桑。

第八章

稀有气体元素的发现——拉姆塞的故事

笔者上中学的时候，人们把稀有气体叫作惰性气体，因为它们“懒惰”。

后来，化学家们不那么称呼它们了，而是把它们叫作稀有气体，因为化学家们发现了它们的化合物。

历史上，有一个人在稀有气体元素的发现方面做出了突出贡献，他就是英国化学家拉姆塞。

一、少年天才拉姆塞

1852 年 10 月 2 日，威廉·拉姆塞出生在英国的格拉斯哥。拉姆塞的父母都是苏格兰人，家庭生活幸福美满。最初的几年，他们还没有属于自己的房子。他们走到哪里，哪里就是家。后来，日子逐渐好了起来。

生活条件好了，拉姆塞的教育就提上了议事日程。拉姆塞从小喜欢大自然，喜欢唱歌，擅长音律，爱读书，还喜欢收藏书籍。并且，小拉姆塞对语言非常敏感。拉姆塞幼年时的许多行为，连成年人都感到惊讶。他小时候经常坐在格拉斯哥自由圣马太教堂里，好像是听牧师布道，又好像是听教徒念诵经诗，还好像是在沉思冥想。人们不明白，应该活泼好动的小拉姆塞，为什么能如此安静地坐着。

小拉姆塞经常手捧《圣经》读得津津有味，有时候又闭着眼睛，像是在思考，又像是在闭目养神。而他阅读的《圣经》有时候是法文版，有时候是德文版，他父母说小拉姆塞在用这种方法学习法文和德文。

拉姆塞还喜欢盯着教堂的窗户看，那些窗户镶嵌着大块玻璃，上面有许多几何图形，而且五彩斑斓，营造出了宗教的浓厚氛围。后来人们才知道，他要通过那些图形验证学校老师讲的几何定理。

14 岁时，拉姆塞被格拉斯哥学院破格录取为大学生，是典型的天才少年。他的肯钻研、爱学习是出了名的。拉姆塞刚进入大学时，学校里还没有开设化学课，他就一直在卧室里做各种实验。他的卧室里到处摆放着药瓶，连床上都不例外。药瓶里装着酸类、盐类、碱类物质，甚至还有汞。按今天大学的纪律要求，那是绝对不允许的。

他的同学对此印象深刻。他们说，那时和拉姆塞才刚刚认识，印象中他对买化学药品和化学仪器很在行。他有时候约一两个好友一起做实验，这些实验包括制取气体及由糖制取草酸等。

他们自制了许多玻璃用具，包括本生灯。在同学看来，拉姆塞简直是制造玻璃仪器的专家。拉姆塞坚信，学生时代的训练对一生大有好处。在他使用的那些仪器中，除了烧瓶和曲颈瓶之外，其余都是自制的。

二、拉姆塞和瑞利共同发现了氩

1870 年，拉姆塞大学毕业，这一年他才 18 岁。毕业后，拉姆塞来到了德国的海德堡。在罗伯特·威廉·本生（Robert Wilhelm Bunsen，1811—1899）的实验室当助手，拉姆塞的聪明和动手能力给本生留下了深刻印象。一年后，本生推荐拉姆塞到蒂宾根大学深造，在那里拉姆塞获得了博士学位。

以上这些已经足够让人羡慕了。然而，他一生最辉煌的时期还未到来。你只要了解了他一生中的重要头衔，就可以体会这个人的不同凡响了。

1872 ~ 1880 年，拉姆塞在格拉斯哥学院任教。1880 年，布里斯托尔学院聘任他为化学教授。1882 年，拉姆塞担任布里斯托尔学院院长。这时候的拉姆塞才 30 岁。1888 年，拉姆塞被选为英国皇家学会会员，1895 年获戴维奖章。也是在那一年，他被选为法国科学院院士。1911 年，他担任英国科学促进协会主席。

下面，让我们看一看拉姆塞是如何发现稀有气体的。1882 年，英国物理学家、剑桥大学物理学教授瑞利在研究空气成分时发现，由氨制得的氮，总是比由空气制得的氮轻千分之五，多次实验的结果都是这样。按理说，千分之五的误差是可以忽略的，在当时这是合理的误差范围。但瑞利是一个极其认真的人，整天琢磨这件事，百思不得其解。毫无疑问，他的定量分析极为精密，不会出错。于是，他将研究结果和自己的疑问刊登在英国的《自然》期刊上，希望能够得到同行的指点。

拉姆塞看到了这篇论文，知道了瑞利的研究进展和面临的问题。于是，他给瑞利写了一封信，希望瑞利能够允许他也研究这一课题。在征得瑞利的同意后，他开始研究大气中氮的成分。

拉姆塞的研究方法很简单，让空气通过红热的金属镁，这样镁就可以吸收空气中的氧和氮。经过反复作用，空气体积的 79/80 被吸收，最后余下 1/80 的体积。拉姆塞开始思考，余下的气体到底是什么。他想了很多可能性，又一一否认。

他想到了光谱分析，于是把余下的气体用精密的光谱分析仪进行分析。这时，奇迹出现了。他发现，除了人们熟知的氮的谱线外，还有红色和绿色等各种谱线，而这些谱线是人们不知道的。后来，著名的光谱分析学家克鲁克斯（Sir William Crookes，1832—1919）对此仔细进行了光谱分析，辨析出剩余气体的谱线多达 200 余种。

1894 年 5 月 24 日，拉姆塞给瑞利写了一封信。他在信中说："您是否还记得，在周期表的最后一列，有空位留给气体元素这一事实？这种未知的谱线所代表的元素很可能就是空位上的某种气体，它最特别的地方就是具有非常大的惰性。"

后来，在英国牛津召开的科学协会年会上，拉姆塞和瑞利向大会宣布，他们发现了一种气体，这种气体具有非常大的惰性。于是，他们把这种气体命名为"氩"（argon），意思是"懒惰的气体"。很多年前的化学教科书中就把这些气体叫作惰性气体，现在统一叫作稀有气体。因为它们的惰性是相对的。

化学家拉姆塞

拉姆塞和瑞利一时间成为科学研究上精诚合作的典范。后来，瑞利帮助和启发拉姆塞陆续发现了稀有气体氦、氖、氪、氙。

1904 年，瑞利获得了诺贝尔物理学奖，那一年，拉姆塞获得了诺贝尔化学奖。他们获得这两个奖项实至名归。

三、拉姆塞首次在地球上发现了氦

发现元素氩之后，拉姆塞继续进行研究。1895 年 3 月，他用无机酸处理沥青钒铀矿时发现产生了一种气体。他把这种气体装进光谱管，寄给了当时最优秀的光谱分析家克鲁克斯。克鲁克斯对它做了光谱分析，发现它的谱线是从未见过的。

拉姆塞对自己的处理方法心中有数，坚信它不是氩。那几天，他一直忙于制取和收集这种气体。数日以后，他制得了足够量的这种气体，并对它做了密度测定。

不到一周，拉姆塞就证明这种气体是氦。

那段时间，为了做实验，拉姆塞吃住都在实验室。连家都顾不上回，但他不忘给妻子写信。1895 年 3 月 24 日，拉姆塞在给妻子的信中写道："先讲最新的消息吧。我把新气体封入一个真空管，装好以后，就在分光器上观察它的光谱，先看到了氩的光谱，说明这种气体中含有氩，还看到了一种深黄色的明线，光辉灿烂，和钠的谱线不重合，但相差不远，我有些拿不准。就把这事告诉了克鲁克斯，克鲁克斯仔细研究后说，从钒铀矿中分离出来的气体是氩和氦两种气体的混合物。"

其实，早在 27 年前就已经有人在太阳上面发现了元素氦。1868 年 8 月 18 日，法国天文学家让逊（Pierre Janssen，1824—1907）和英国天文学家洛克尔（Norman Lockyer，1836—1920）到印度观察日食。

发生日食的时候，他们把分光镜对准太阳，利用分光镜观察日珥，结果在平常出现钠的黄线的位置旁边出现了另外一条明亮的黄线。

很多人看到过日食奇观，那时候，发光的太阳表面几乎被月亮遮住，只有最上面炽热的太阳大气暴露在黑色月影外面。它们微弱的光线就被分光镜捕捉到了。这种光的光谱，完全不像夫琅和费线的普通太阳光谱。

让逊的那条陌生的黄线就是从这种特别的太阳光谱上找到的。那条未知谱线所代表的一定是新的元素，后来人们就把它叫作“氦”，而拉姆塞首次在地球上发现了这种元素。

四、发现其他稀有气体元素

发现了氩、氦两种气体后，拉姆塞继续研究，又相继发现了氪、氖和氙。

拉姆塞得到了化学家特拉弗斯（Morris W. Travers，1872—1961）的很大帮助。他们的实验是这样设计的，将 1 升液态空气小心地分步蒸发，在大部分气体沸腾而去之后，用红热的铟和镁进一步吸收遗下的残余部分（主要是氧和氮），最后剩下 25 毫升气体。它有很大的惰性，因为它在这种高温红热条件下仍能保持自己的本来面目。他们把 25 毫升气体封入玻璃管中，然后观察它的光谱。

这个实验的设计看起来简单，说起来容易，但真正做起来却相当有难度。100 多年前的实验条件比今天要差很多，而且这些气体都是看不见、摸不着的，又没有气味。实验的细节设计一定是花了一番心思的。

他们看到了一条略显绿色的黄色明线，还有一条明亮的绿色谱线，这些谱线和已知元素的谱线根本不重合，它一定是新的元素，这种元素藏得很深，直到现在才露出了一点真面目。

拉姆塞和特拉弗斯欣喜不已。1898 年 5 月 30 日，他们把发现的气体命名为“氪”（krypton，元素符号为 Kr），氪即隐藏的意思。他们随即测量了这种气体的密度和原子量。

根据测定结果，他们预测，这种惰性气体应该排在溴和铷两个元素之间。努力没有白费，结果就在眼前。两个人越干越有劲，那天他们一直工作到深夜。

顺着这个思路继续研究，他们又发现了氖。实验过程是这样的，拉姆塞和特拉弗斯接着前面的实验，将制取的氩用减压法进行分馏，收集了从氩气中挥发出的部分。他们发现，这部分气体具有极壮丽的光谱，谱带上有许多条红线、许多条淡绿线、几条紫线、非常明显的黄线。而且，在高度真空下，谱线依旧显著，在暗处看起来像是闪着磷光。这种光谱真是太神奇了。

这一定是新的气体，他们对此深信不疑。特拉弗斯后来谈及此事，曾感慨地说：“由光谱管中发出来的深红色神奇光谱，已叙述了它自己的身世，凡看过这种景象的人，永远也不会忘记。现在看来，过去两年的努力，以及在全部研究完成以前所必须克服的一切困难，都算不了什么。这种前人从未发现的新气体，是以喜剧般的形式出现的。至于这种气体的实际光谱如何，目前尚无关紧要，因为我们就要看到，世界上没有别的东西能比它发出更强烈的光谱。”

据说拉姆塞的儿子看到了这种光谱，就不断用 nove 这个词称呼，意思是太神奇了。拉姆塞受此启发，就用它的同义词 neon 称呼之，这样读起来更好听。这个名称一直被用到了今天，它就是稀有气体氖（Ne），其原意是“新奇”。1898 年 6 月，他们向外界宣布了这一发现。后来，氖在霓虹灯中派上了用场。

后来，他们有了自己的空气液化机，可以批量地制备氪和氖。他们又从这里面分离出一种气体，命名为“氙”（xenon，元素符号为 Xe）。今天，氙在光学领域有了非常重要的用途。

拉姆塞一生著述很多，主要有《近代理论与系统化学》《大气中的气体》《现代化学》《元素与电子》《传记与化学论文集》等。可以说，拉姆塞是位很高产的科学家。

1916年7月23日，拉姆塞去世，享年64岁。著名科学家威廉·汤姆逊在评述拉姆塞的伟大发现时曾说过一段很有分量的话，算是对拉姆塞一生工作的总结。他说："大部分学者认为，科学的想象力更胜于精确的量度。其实，瑞利和拉姆塞的工作证明，一切科学上的伟大发现，几乎完全来自精确的量度和从大量伪数字中明察秋毫。拉姆塞的理论思维能力与动手能力都很强，他把发现的氦、氖、氩、氪、氙五种气体作为一族，完整地插入到了化学元素周期表中，使化学元素周期表更加完善，他的这一工作比每一个单独元素的发现都有更重的分量。"

拉姆塞曾不断告诫学生，做学问一定要"多看、多学、多试验。如果取得成果，绝不炫耀。在学习和研究中要顽强努力。一个人如果怕费时、怕费事，就将一事无成"。

他靠自己的聪明和勤奋实现了一个人活着的价值。他的存在为化学增添了光彩，成为一个符号，这个符号使化学科学充满了魅力。这个人就是拉姆塞。

第九章

在光谱中寻找未知元素

光谱是复色光经过色散系统（如棱镜、光栅）分光后，被色散开的单色光按波长（或频率）大小而依次排列的图案。我们最初认识的光谱是雨后出现的彩虹，以及小溪流水中的彩色波纹。

其实，在五彩缤纷的光谱背后隐藏着很多秘密。

一、本生灯和焰色反应

1811 年 3 月 31 日，罗伯特·威廉·本生出生在德国的哥廷根城。哥廷根历史悠久，科学氛围浓厚，文化韵味十足。哥廷根有一所古老的大学，是当时世界闻名的大学——哥廷根大学。

本生的父亲是哥廷根大学图书馆的馆长，同时兼任近代语言学教授。本生的母亲是家庭妇女，聪明机智、勤劳朴实，一生的精力都用在了操持家务和教育孩子上。本生是他们四个儿子中最小的一个，但也是最有出息的一个。

1828 年，17 岁的本生中学毕业，考入了哥廷根大学。当时，斯特罗迈耶（F. Stromeyer，1776—1835）是哥廷根大学的化学教授，他于 1817 年发现了元素镉。在大学里，本生涉猎广泛，对自然科学兴趣浓厚，主要学习化学、物理学、矿物学、地质学、植物学、解剖学和数学，还有文学和艺术学。

1830 年，本生写了一篇关于湿度计的论文，介绍和综述了湿度计发明以来约 40 种湿度计的原理、应用和改进的意见。这是一篇有分量的研究成果，本生因这一研究成果而获得科学奖金，并于 1831 年秋季获得博士学位。博士毕业后，在汉诺威市政府的资助下，本生到各地进行学术旅行，目的是亲近自然、广泛交游、开阔视野、增长知识。这可能是当时的一项制度。德国的卡塞尔、吉森、柏林、波恩等地都留下了他的足迹。

有机化学家李比希、无机化学家米希尔里希（Ernst Eilhard Mitscherlich,

1794—1863）、苯胺的发现者朗格（L. T. Lange，1828—1875）、地质学家韦斯、矿物学家和分析化学家罗塞（H. Rose，1795—1864）等，都是他一路上结识的朋友，有些则成为他一生的良师益友。

1832年秋天，本生来到法国巴黎，给化学家盖-吕萨克当过一段时间助手，期间聆听了很多著名科学家的学术讲座，他们的研究工作使本生深受启发。后来，本生又到维也纳继续他的学术旅行。

下一年年底，本生游学归来，在哥廷根大学任教。本生的第一个研究课题是物质的溶解度及其应用，属于无机化学范畴。本生在研究无机酸盐的溶解度时发现，砷酸盐和亚砷酸盐很难溶于水，他试图寻找一种溶液，使其能够与亚砷酸反应，结果发现，新沉淀出的氢氧化铁是一种很好的试剂，它能与亚砷酸反应，生成砷酸亚铁，这个反应其实不是简单的酸碱中和，还是一个氧化还原反应，砷酸亚铁不溶于水，也不溶于一般的溶剂，包括人体体液。结果，本生找到了一个解救砷中毒（即砒霜中毒）的方法，其有效试剂就是新合成的氢氧化铁，这是一个非常经典、非常安全的解救办法。

斯特罗迈耶教授去世后，本生临时补缺，暂时接过了斯特罗迈耶教授讲授的化学课。稍后不久，在德国卡塞尔高等理工学校讲授化学课程的维勒教授（Friedrich Wöhler，1800—1882）来到哥廷根大学，接替了斯特罗迈耶的职务，本生去卡塞尔高等理工学校接替了维勒教授的职务。1852年，海德堡大学的格梅林（Christian Gottlob Gmelin，1792—1860）教授准备退休，这成为本生来到海德堡大学的重要契机，本生顺利应聘，此后再也没有离开过这所大学。

海德堡大学为本生提供了良好的工作条件和生活条件，包括特别为本生提供的化学实验室。实验室是化学工作者起码的条件，因为化学是一门以实验为基础的学科，化学家的设想、想象必须通过实验实现。如果说海德堡大学是平台，化学实验室就是本生最重要的活动空间。在那里，他可以进行科学研究，可以指导学生。本生没有辜负海德堡大学的期望，他带出的很多学生后来都成了德国化学界的学术带头人。

那时候的实验室已经有了煤气管道，学生在做化学实验的时候常常要用到煤气灯。煤气灯是那时最好的加热工具，但也有一个很大的缺点，即在加热的时候常常冒黑烟。本生决定改进煤气灯，他在煤气灯的喷嘴下面开了一个小孔。就是这么一个小的改进使煤气灯就发出了近于无色的火焰，火焰很稳定，温度也很高。我们现在把这个由本生改进的煤气灯叫做本生灯。

无色火焰非常重要，因为化学家在这种无色火焰中灼烧一些物质的溶液时发明了一种鉴定这些物质的方法。本生发现，金属及其盐在灼烧时能产生各种特征焰色，化学教科书中把这叫做焰色反应。焰色反应提供了一种分析和鉴别金属及其盐的方法。今天的中学化学课本里就有这样的知识。学习了物质结构等知识后，我们才知道，在这些特殊的焰色现象背后却隐藏着元素最本征的东西，那就是原子的电子壳层。

本生的动手操作能力很强，喜欢亲自操作，常常陶醉于其中，享受发现的乐趣。他把这个优点传给了学生。在教学和科研中，他特别强调实验的重要性。

他非常喜欢摆弄仪器，实验室里有很多仪器是他自己设计制造的。他常常加班吹制自己需要的玻璃仪器，熟练程度不亚于吹玻璃技师。由于长年累月做实验，他的手指结了厚厚的一层茧，他常跟人说，他的手指不仅不怕酸、碱的腐蚀，甚至不怕酒精灯火焰的灼烧。

本生虽然是著名大学里的著名教授，但一点儿都不高傲和不可接近。他纯朴、善良，敏于行、讷于言。在研究工作中，他总是吃苦在先。这就是生活和工作中的本生。

本生兴趣广泛，知道的多。因为专业的关系，他对地质变化也有过思考。地质变化既是一个物理过程，也是一个化学过程，因此要从这两方面对岩石的组成、结构和演变进行推测。本生的这一思想实际上很有价值。

本生最主要的工作和最重要的贡献是发明了许多鉴定、分离无机物的方法，涉及分析化学及其应用。一说到光谱分析法，我们就会想起本生和基尔霍夫（Gustav Robert Kirchhoff，1824—1887）。他们开创了光谱分析的先河。

二、本生和基尔霍夫默契合作

基尔霍夫是物理学家，原来在布雷斯劳大学工作，是本生的好朋友。本生到海德堡大学任教后，十分想念基尔霍夫，就写信给基尔霍夫，希望他也能来海德堡大学任教。基尔霍夫也觉得本生是不可多得的好朋友，于是就来到了海德堡大学工作。

按理说，一个是物理学家，一个是化学家，他们之间好像没有太多的工作交叉点。但 19 世纪的物理学和化学分得不太清楚，另外学科之间的交叉渗透也不可避免。那时候，人们常常能看到这两个人在校园里散步，共同探讨生活、工作和科学研究方面的事情。

两个人各有特点。一个高大，一个瘦小；一个话多，一个沉默。但他们共同的地方就是对科学的热爱和对研究工作的执着。

基尔霍夫瘦小精干，快人快语。只要和本生在一起，他总是有说不完的话。他不是叙说着各种有趣的事情，就是对本生说他对某个实验现象的认识。而人高马大的本生总是默默地听着，偶尔插上一两句。两个人在研究方面各有特色，本生注重实验过程，而基尔霍夫具有物理学家的思辨和推理能力，他们在一起，取长补短、相得益彰。

三、太阳光谱的发现

提及光谱分析法，还得从牛顿（Isaac Newton，1643—1727）说起。牛顿是我们最熟悉的物理学家，比本生和基尔霍夫早了100多年。牛顿也研究过光谱。

1663年，21岁的牛顿开始研究颜色问题。那时候，他是剑桥大学的学生。牛顿的科学研究生涯就是从那时候开始的。

1666年，牛顿专心地进行一项研究。他把自己关在一间黑屋子里，观察太阳的光谱。他把所有的缝隙都堵上了，只让一条很细的太阳光经过黄豆般大小的圆孔投射进黑屋里来，离它不远处的纸板上就出现了一个明亮的光圈，这是在捕捉太阳的光谱。

他手里拿着一个玻璃制的三棱镜，上面有三条直边棱线。牛顿把它放在太阳光束通过的地方，并不时地转换着角度。当三棱镜截断了光束的去路时，纸板上的那个白色光圈就会消失，代之的是一个长条形的彩色光带，牛顿把它叫作光谱。

看到这些彩色的光谱，牛顿的兴趣大增。他把手放在三棱镜的后面，结果有的手指变成了红色，有的手指变成了黄色，有的手指变成了绿色和紫色。可是，原来的白光不见了。

牛顿认识到这是一个新的发现。他一遍又一遍地重复这个实验，结果还是一样：太阳光没有投射到三棱镜以前，是自然的白光；通过三棱镜后，就变成了各种颜色的光谱。

牛顿想起了夏天雨后的彩虹，最上面的一条是红色，下面依次是橙色、黄色、绿色、青色、蓝色和紫色。毫无疑问，它们基于同一个原理。天上的水气和三棱镜所起的作用是一样的，那就是把普通太阳光分解成了各种颜色的光谱。

原来，我们肉眼看到的太阳光并不是单纯的白光，只不过是像白光而已。其实，它是各种颜色光线的复合光，如果将这些光线分解开，就是一条条非常明亮的彩色光线。

太阳光通过三棱镜后，原来的复合光变成了有序排列的彩色光线，每一条色带占据一定的位置，如果再细分的话，就又可以分出很多条精细光线，这些彩色光线的位置永远不会改变。不过，三棱镜就做不到了。

我们今天知道，不同颜色的光谱对应着不同的波长（λ）或频率（ν），而它们跟能量（E）密切相关。数学关系式如下

$$E = h\nu = hc/\lambda$$

仅仅靠感觉或经验，我们很难明白，白光的本质并非白色；也很难想象，我们熟悉又陌生的太阳光在走过了无数里程后会给我们传达些什么信息。颜色的后面隐藏着一个奇异的世界。遥远的太阳上面都有些什么呢？再过很多年后，太阳会带给生命什么福祉？

不过，牛顿关注的不是这些，而是要弄清楚光线的神奇组合。那些单色的光谱为什么一会儿分开，一会儿又合在了一起？在变幻莫测的神奇色彩背后到底隐藏着些什么？

他想，既然三棱镜能将普通白光分解成各种颜色的光，那么能不能将各种颜色的光再复合成白光呢？于是，他做了这个实验。他用另一块三棱镜把各种颜色的光线集中到一起。这时，奇迹发生了。从三棱镜的另一边看过去，就是普通的白光。

牛顿接着想，既然太阳光是各种颜色的光线复合体，那么能不能把这些颜色画在一个圆木盘上？再让木盘转动，会产生什么效果？他做了圆木盘，在上面依次画上了太阳光所包含的各种颜色，然后用手旋转圆木盘。这时，他看到的是白色的圆木盘，而且旋转的速度越快，圆木盘就越接近白色。

1672 年 2 月，牛顿在伦敦皇家学会的《哲学会刊》上发表了《光与色的新理论》，这是他的第一篇论文。论文详细描述了 1666 年的那次实验。牛顿在论文中说，白色的太阳光是一种由折射率不同的光线

牛顿玩太阳光谱

组合成的复杂混合光。

后来，牛顿将单色光经过三棱镜折射，发现单色光的颜色并没有改变。1675 年，牛顿进一步指出了光的不同折射率与颜色的关系，正确地解释了日光通过三棱镜后出现彩色光谱的原因。

他认为颜色是一种原始、天生的性能，并不是光线经过折射或反射产生了颜色，折射和反射也不能改变它们的颜色。三棱镜只是将复合白光分解成了单一色彩的光，反之，也可以将几种彩色光复合成白光。

牛顿是科学家队伍里的超人，对太阳光谱的研究仅仅是他早期的成果。这一成果也是划时代的，因为它揭开了太阳光谱的神秘面纱，开启了令人耳目一新的科学局面。从此以后，观察和研究光谱的人越来越多，观测技术也越来越先进。从牛顿开始，作为一门新的学科，光谱学就诞生了。

四、太阳黑线的发现

英国医生兼化学家武拉斯顿（William Hyde Wollaston，1766—1828）也研究过太阳光谱。透过三棱镜，武拉斯顿发现了太阳光谱的不连续性，各谱线间夹杂着一些黑线。这其实是一个重要发现，但武拉斯顿没有深入研究下去，却简单而武断地把黑线的出现归咎于棱镜的缺陷。武拉斯顿的误判导致一个重要发现和他擦肩而过。

德国物理学家夫琅和费（Joseph von Fraunhofer，1787—1826）也对太阳光谱感兴趣。当他听到了武拉斯顿发现的那些黑线后，开始着手相关研究。1814 年，他带着这一问题研究各种灯光的光谱，想从里面找到一种只发一种光线的光源。夫琅和费为此目的制造了几块优良的光学放大镜。

很多东西都能充当光源，只要能发光就行，煤油灯、酒精灯和烛光等都是理想的光源选择。夫琅和费知道，研究那些黑线需要一个黑暗的空间，当初牛顿就把自己钻进了一间黑屋子，只是牛顿那时候研究的是太阳光谱。而现在，夫琅和费要研究的是各种灯光的光谱。他在黑屋子的门上留了一个狭缝，把一盏灯放在狭缝处，里面放一个三棱镜，然后通过三棱镜观察灯焰的光谱。

夫琅和费的三棱镜是特别制作的，这种三棱镜能使原来的复合光变成各种颜色的光线，同时也使其分布范围变宽。结果，他很清楚地看到了三棱镜上的光谱轮廓，那些色彩鲜艳的谱带就是夫琅和费的研究对象。

夫琅和费先在狭缝前放一盏煤油灯，然后仔细观察灯焰的光谱，结果，他看到的是一些不连续的线状光谱。在这些不连续的线状光谱中，夫琅和费看到两条明亮的黄线总是出现在某一个确定的位置上。

用酒精灯代替煤油灯后，不连续光谱中的两条黄线仍然在原来的位置。夫琅和费又在光源的位置点燃蜡烛，两条黄线的位置没有变化，只是颜色更加明亮。在这些光源的所有光线中，两条黄线总是最明亮的，黄线的存在使其他谱线的轮廓暗淡了许多。这是一个重要现象，对这一现象背后的本质探讨很有价值。

夫琅和费又转向研究太阳光谱，夫琅和费相信，在太阳光谱中应该也能找到那两条黄色的亮线。结果却令夫琅和费非常失望，他根本没有看到那两条黄线。但夫琅和费有了新的发现，他发现太阳光谱中有许多条黑线，它们充斥在一条不连续的光谱带上。夫琅和费耐心地数着这些黑线的数目，共数出了500多条。夫琅和费确实很了不起，辨识谱线的能力之高令人惊叹。

这么多条黑线总是出现在原来的位置。不同的是，一些黑线的颜色深，一些黑线的颜色浅，还有一些黑线出现在光谱的明亮背景上，通过色差的衬托才使它们看上去特别清楚。夫琅和费用字母分别标注了这些太阳黑线中最清楚的几条，这种标注方法一直沿用至今。

在化学或物理教科书中，把这些太阳黑线叫做夫琅和费线。今天，我们知道夫琅和费线产生的本质是太阳光球放射的光被太阳外壳较冷的蒸汽和气体吸收的结果，但夫琅和费当时不知道。正是通过对夫琅和费线的深入研究，化学家才知道了太阳的化学成分。不过，这已经是很多年以后的事了。

夫琅和费两眼紧盯这些黑线，感到很不可思议，看得久了，他的思维有些僵化。就在这时，他突然有所顿悟，原来那条最黑的双线D的位置恰恰就是他曾经在煤油灯焰、酒精灯焰及蜡烛焰的光谱中看到的明亮黄线的位置，这确实是一个神奇的现象。

这到底是怎么回事？为什么在煤油灯焰、酒精灯焰及蜡烛焰的光谱里出现明亮的黄线，而在太阳光谱里出现黑色的谱线。夫琅和费很迷茫，他无法解释这些黑线的起因。夫琅和费英年早逝，去世的时候才39岁。如果他活得再长些，解开太阳黑线谜底的科学家或许就是他了。

五、谜底终于被揭开

揭开这一谜底的是基尔霍夫和本生。这样，我们又回到这两位科学家的工作上来了。他们两人都是自己动手制作分光镜，用它来观察光谱。

1. 每种元素都有自己的特征光谱

他们的仪器很简单，三棱镜是自己磨制的，镜筒是用的旧望远镜的镜筒。他们在镜筒的一端开一条狭缝后，就是一根平行光管，甚至一个雪茄烟盒都可以用来做实验。用这些东西，他们装配了一台分光镜。

基尔霍夫动手安装仪器，本生提纯各种盐，他们发挥各自的特长，实验进行得相当顺利。基尔霍夫把本生灯放在平行光管的狭缝处，本生拿来了纯净的食盐。食盐是厨房里的必备品，是生活中不可缺少的东西。它的化学名称叫氯化钠，由氯和钠两种元素组成。此外，本生还准备了各种各样的钠盐、钾盐、锂盐和锶盐等。

本生灯熠熠生辉。本生手拿一根白金丝，白金丝上沾了少许食盐。当本生把沾有食盐的白金丝送进本生灯的灯焰里时，立刻产生黄色明亮的光焰，基尔霍夫在平行光管里就看到黑色背景上有两条黄色光线。

“看见了，看见了。是两条明亮的黄线。”基尔霍夫兴奋地说。这边的本生也非常高兴，他也看见黄色的光焰瞬间一闪。

本生接着用白金丝沾上少量碳酸钠（这也是厨房里的常用物品，商品名叫苏打或纯碱）、硫酸钠（芒硝的主要成分）和硝酸钠（俗称硝石，是古代火药的一种成分）。当他把沾有这些盐的白金丝送进本生灯焰里时，它们所产生的光谱完全一样。

本生看到了明亮黄色的光焰，基尔霍夫看到了黑色背景上的两条黄色光线。令他们振奋的是，这两条黄色光线总是出现在同一位置上。答案似乎呼之欲出。这一定是里面的钠在起至关重要的作用，在焰芯的高温下，钠盐里的钠离子受到激发，这种黄色的谱线一定跟钠有关。

他们又试了试别的盐。本生把用过的白金丝认真洗了洗，放进火焰里烧了烧，又沾了少许钾盐送进了灯焰里。

本生看到灯焰一瞬间闪现出鲜嫩的淡紫色。基尔霍夫趴在那里，眼睛一动不动地盯住平行光管。本生有些着急，不断问基尔霍夫有没有看到什么。过了一会儿，基尔霍夫说，他看见了黑暗的背景上有一条紫线和一条红线。而原来位置上的两条明亮的黄线却无踪无影了。

他们又换上了锂盐做实验，看到了一条明亮的红线和一条较暗的橙线。再换上锶盐做实验，他们看到的是一条明亮的蓝线和几条暗弱的红线。

过了一会儿，本生和基尔霍夫调换了角色，又重复了前面的实验。结果，坐在平行光管前的本生看到的光谱和基尔霍夫看到的完全一样。

其实，一旦准备好了实验用品，这个实验做起来很简单。但他们那天为自己的发现高兴得忘乎所以，就一遍一遍地看，一直看到眼睛都花了。

那次实验后的一天下午，两个好朋友又在海德堡大学校园里散步。本生提议可以用火焰颜色来鉴别各种金属。基尔霍夫也认为那是一个不错的选择。但还有一个难题，就是有些金属在灼烧时火焰的颜色很接近，很难区分。基尔霍夫提议用有色玻璃片进行光过滤，再进一步鉴别。本生表示同意。后来的实验证明，这真是一个不错的选择。

就这样，一种新的分析技术就在这两位科学家的手里诞生了，这就是光谱分析。而这两个人，一个是物理学家，一个是化学家，他们共同的爱好是对颜色、对光线色彩的捕捉。他们的合作启发我们，在学科交叉和渗透的地方，说不准会产生一门新兴学科。

分光镜就是他们的工具，它能检测出混合物中都含有哪些金属。可是它的灵敏度怎么样呢？它能定性检测的最低限是多少？这可是大问题，一定要弄清楚。他们开始动手做实验，实验过程如下。取 1 克氯化钠，用水稀释到 5 升，从里面舀出一杯，再稀释到 50 升，搅拌均匀，用白金丝蘸取一小滴，送入无色灯焰上，这时从分光镜里就能看到钠的黄色光谱。这意味着只要钠的含量达到 1 毫克的 300 万分之一，就足以让我们根据光谱线的特征判断出里面是否含有钠了。这比世界上最精密、最复杂的分析天平还要灵敏。这真是难以置信，却是真的。这就是光谱分析的优势。

到这时，两个人才恍然大悟，原来人们能在各种灯焰的光谱里看到黄线，都是钠盐的原因。钠盐在世界上无处不在，我们的皮肤随时都在出汗，汗液里面就有氯化钠，只要你用手指轻轻一摸白金丝，白金丝上的钠就能被分光镜检测出来。

氯化钠在空气中浮沉飘荡，飘到哪里就在哪里安家。大海周围的水气在热带气流的卷裹下会把氯化钠的细微颗粒带到几千千米以外的地方，即使你轻轻地拍一下落有灰尘的书，离书不远的无色灯焰就会闪现黄色的火星（不知细心的读者有没有注意过这一现象），分光镜里就要报告一次钠的踪影。且不说，灯芯里、蜡烛里、油里，三百万分之几毫克的氯化钠总是有的。

那些黄色谱线告诉我们，我们生活的天地布满了尘埃。

我们知道，锂是最轻的金属。它的矿床极少，只有三四种矿物里含有它，而这三四种矿物也只存在于世界上的个别地方。因此，它是世界上的稀缺元素，它是稀有金属里的稀缺金属。这就难怪在烟灰里找到锂给本生带来的惊喜这么大了。

分光镜是基尔霍夫和本生的法宝，他们从那时候就开始利用它寻找元素的踪迹。他们把身边的矿石和药品都试过了，仅仅这样还不够，他们觉得应该用它来发现未知的元素。

2. 发现太阳上面的重要元素

大家还记得太阳光谱上的黑线（夫琅和费线）吧，英国化学家武拉斯顿最早从太阳光谱上发现了这一现象，但他没有深入分析和思考。夫琅和费线产生的本质是太阳光球放射的光被太阳外壳较冷的蒸汽和气体吸收了。但夫琅和费当时不知道。

夫琅和费没有想到，多年后，太阳上的化学成分就是通过研究夫琅和费线的方法确定的。最先想到这一问题的是基尔霍夫。那几天，基尔霍夫一直在想：分光镜里的这些黑线是从哪里来的？为什么钠的黄线和太阳光谱上的黑线 D 总是占据着同一个位置？基尔霍夫认为，那绝不是巧合，它们之间一定有某种联系。

实验开始了，他让直射的太阳光线进入平行光管的狭缝。三棱镜后面，光谱上一条明线也没有，只能看见不同的颜色分布在不同的区域，似乎构成了连续光谱。

基尔霍夫看到了夫琅和费线。只见短短、黑色的谱线出现在光谱的明亮背景上，像空旷草坪中竖立着的栅栏。基尔霍夫发现，本该是钠线的位置上出现了一条很粗的黑线。

观察完太阳光谱后，基尔霍夫遮住太阳光，在平行光管的管缝前摆了一盏本生灯，向灯焰里送进一些钠盐后，就盯着管口往里看。这时，那些色彩斑斓的太阳光谱不见了，只有钠的黄线。

那么，如果让太阳光和本生灯焰同时进入平行光管的狭缝，将会发生什么现象？太阳光太明亮了，可能会把钠的光焰掩盖住，应该让它的光线弱一些。于是，基尔霍夫找了一块磨砂玻璃，穿过磨砂玻璃的太阳光就柔和了许多。这时，分光镜里出现的太阳光谱就有些暗淡，钠的明亮黄线正好落在夫琅和费线的位置上，它们确实是重合在一起了。

基尔霍夫一点点地增加太阳光的亮度，钠的谱线越来越弱，到最后，当所有太阳光通过时，钠的黄线突然完全消失。钠的黄线失踪了，代之的是一条很粗的黑线。本生灯依旧放射着很强的黄光，钠的黄线到哪里去了呢？而且，现在的黑线是如此的清晰，似乎比平常更黑。

原来明亮的钠的双D线在强烈的太阳光谱背景下当然黯淡得多，因为灯焰跟太阳光是没法比的。可现在的情形是，钠的黄线完全失踪，而在它原来的位置上竟然出现一条很粗的黑线D，这太令人费解了。

基尔霍夫认为，这有可能是炽热的钠蒸气既能发射钠的双D线，又能吸收钠的双D线。于是，他们用氢氧焰煅烧生石灰，制造石灰光。为什么要制造石灰光？因为这种光谱很像太阳光谱。

让石灰光进入分光镜，在分光镜前放上本生灯灼烧氯化钠，结果在石灰的连续光谱中出现了两条暗线，位置恰好与钠的双D线重合。他们又将其他钠盐放入本生灯的火焰内，出现同样的暗线，位置恰好与所灼烧金属盐的特征光谱相重合。

他们制造出了夫琅和费线。

两个人恍然大悟：太阳上面一定含有钠。这就是说，夫琅和费暗线和本生灯灼烧金属盐时发出的亮线一样，也能间接地告诉我们，太阳上面存在些什么元素。

照此推理，我们凭借光谱上的明线可以发现地球上的元素，同样可以利用夫琅和费线来寻找太阳上的元素。

下面介绍他们是怎么知道太阳上有铁元素的。他们用电流得到了铁的炽热蒸气，让这种蒸气的光通过分光镜，得到它的光谱，在铁的光谱上共有60条各种颜色的明亮谱线。再把铁的光谱和太阳光谱做比较，发现铁的谱线和太阳光谱中相应位置的黑线吻合，而且它们的宽度和清晰度都一样。这就说明，太阳上也有铁。

除了钠和铁之外，基尔霍夫和本生又用同样的方法试了更多的元素。他们发现太阳上约有30种元素，其中氢、钠、钾、铁、钙、铜、铅、锡等是地球上常见的元素。

1859年10月20日，基尔霍夫向柏林科学院提交了一份研究报告。报告中说，他和本生通过光谱分析发现，太阳上面有氢、钠、铁、钙、镍等元素。基尔霍夫还用数学的方法证明了炽热的气体有吸收它自己所发出的各种光线的本领。研究报告立即轰动了欧洲科学界。在地球上居然能知道1亿5000万千米之外的太阳上有什么化学元素，真是匪夷所思！当时，这可是天大的新闻。基尔霍夫和本生一夜间家喻户晓。

这太不可想象了，但这一研究结果有实验和理论的双重支撑。这真是一种独到的见解，也是一个崭新的发现。之后，光谱分析法变得时髦起来。不仅化学家和物理学家常常把光谱分析作为一种重要的研究手段，就连天文学家也是如此。

光谱分析不应该仅仅检测已知物质是否存在，还应该能帮助我们寻找未知元素。其基本原理是，陌生的谱线对应的一定是陌生的元素。

说起来简单，做起来却并不简单。它需要细心、耐心和严谨的态度，还需要耐得住寂寞。总之，它需要做科学研究所具备的最基本品格。浮躁的社会跟这种品格的培养是格格不入的。

六、铯——藏在天蓝色神秘面纱后的元素

本生一直在思考一件事。他找来了几百种物质，把它们堆放在实验室的桌子上，这让他的实验室看起来有些脏乱。在这些物质中，有矿物、岩石、盐类、草木灰，甚至有动物的肌肉。他用这些物质做光谱分析实验，乐此不疲。对这些元素的谱线颜色和位置，本生一一记录在案。

实验做得多了，看得多了，许多元素的谱线特征本生都能说出来。像钠、钾、钙、锂、钡、锶等，他不用看分光镜里的标尺，单凭这些元素在光谱上几十条谱线当中的相对位置、色调和亮度，就能轻而易举地判断出来。别人觉得很难的一件事情，对他来说就像常识一样，

这就叫“熟能生巧”。

有一天，本生来到实验室开始做光谱分析实验。他将研究的目光停留在一瓶杜尔汉矿泉水上。这种矿泉水又苦又咸，医生常常拿它当药给一些病人喝。

本生的实验很简单，蒸发矿泉水直到它看起来很浓，然后用白金丝蘸取一滴送进灯焰里。然而并没有什么奇特的现象出现，光谱上显示的是钠、钾、锂、钙、锶几种元素的谱线。

本生认为，即使有未知元素隐藏在矿泉水里，它的含量也微乎其微，钠、钾等元素的含量比它大很多，且钠、钾的谱线过于明亮，加之钙和锶的谱线比较多，很有可能会把未知元素的谱线掩盖住。

因此，一滴矿泉水里的未知元素发出的微弱光谱就很难被分辨出来。于是，他把钙、锶和锂从溶液中提取出去，溶液中只剩下了钠盐、钾盐和残留的少许锂盐。

他仔细研究这种溶液的光谱。这时，奇迹出现了，两条天蓝色谱线夹杂在钠、钾和锂的谱线当中。

本生对已知元素的光谱是比较熟悉的，一看到这两条不熟悉的天蓝色谱线，就把其跟一种新元素联系在一起。但他还不确定，于是把自己和基尔霍夫以前画的已知元素的彩色光谱图找出来对照。光谱图上面没有两条蓝线的记录。锶的谱线虽然是蓝线，但是只有一条，而这里明明出现了两条天蓝色的谱线。再者，锶的其他几条谱线在这里却不见踪影。

本生深信，自己在这种又苦又咸的矿泉水里发现了新元素。他一遍又一遍地重复了这个实验后发现，两条天蓝色的谱线总是出现在原来的地方。

他在第一时间把好消息告诉了基尔霍夫。他将这种新元素命名为“铯”（Cesium），Cesium 是“天蓝色”的意思，元素符号 Cs 源于此。

1860 年 5 月 10 日，本生向柏林科学院提交了一份研究报告，报告中说：“到目前为止，已知的元素都不会在这个光谱区出现两条蓝线。因此我们得出结论，杜尔汉矿泉水中必然存在着一种新元素。”

铯属于碱金属家族，比钠活泼得多。铯盐跟钠盐、钾盐非常相似，它们的碱溶液都有一种滑腻腻的感觉，几乎看不出区别。当然，它们也有不同，如它们的光谱线就不一样。钠的谱线是两条黄线，钾是两条紧邻的紫色谱线，铯的谱线是两条蓝线。

七、深红色光谱预示着新元素铷

本生和基尔霍夫找到了一种出产于萨克森的鳞状云母矿，这种矿石中含有丰富的锂。他们将矿石溶解，向其溶液中加入少量氯化铂，结果产生了沉淀。通过离心分离，把沉淀取出来，然后在分光镜上进行鉴定。

他们开始只看到钾的光谱线，又用沸水洗涤这些沉淀，每洗涤一次，都要用分光镜检验一遍。他们发现，随着洗涤次数的增加，从分光镜中观察到的钾的谱线逐渐变弱，最后消失了。令他们没有想到的是，随着钾的谱线变弱，先出现了两条紫色的谱线，跟着出现了几条暗红色、黄色和绿色的谱线，而且它们的颜色越来越深。当钾的谱线完全消失时，这些谱线却格外鲜明。

毫无疑问，这些陌生的谱线意味着新元素的存在，本生和基尔霍夫对此非常自信。1861 年 2 月 23 日，他们向柏林科学院报告又找到了一种新元素，鉴于它的深红谱线特别明显，建议将它命名为“铷”（Rubidium）。“铷”，即深红色，元素符号 Ru 就是这么来的。

一年后，本生采用加热碳酸铷和焦炭的混合物的方法制得了金属铷，这种方法就是我们今天常说的热还原法。

光谱分析成了化学家探索未知世界的“金钥匙”。一说到光谱分析，大家的眼前一亮，都想在自己的实验室安装一台这样的仪器。光谱分析也成为时尚和热门。在这个背景下，人们又发现了许多新元素。

1861 年，著名的光谱分析专家克鲁克斯发现了铊（Thallium，原意是绿色的树枝）；1863 年，李希特（Richter，1824—1898）发现了铟（Indium，靛蓝的意思）；1875 年，布瓦博得朗（De Boisbaudran，1838—1912）发现了镓（Gallium）；1879 年，尼尔森（L. F. Nilson，1840—1899）发现了钪（Scandium）；1886 年，文克勒（C. A. Winkler，1838—1904）发现了锗（Germanium）。在发现这些化学元素时，他们用的都是光谱分析法。

当初，本生发现铯的时候，不知道铯有什么用。后来，有了电视机，铯就有了自己的用途。因为它最外层的电子极易失去，所以就成了电光管里填充的物质。

八、新的黄线——发现“太阳元素”

1868 年 10 月 26 日，巴黎科学院收到了两份报告。一份报告是法国米顿天体物理观象台台长、天文学家让逊（Jules Janssen，1824—1907）寄来的。让逊在报告中说，当年的 8 月 18 日，他在印度观测日食，当他把分光镜的物镜对准日珥部分时，看到了几条亮线，其中有一条格外明亮的黄线。这条黄线并不是钠-D 双线，而是出现在钠线的旁边。另一份报告是英国皇家科学院太阳物理天文台台长洛克尔寄来的，他所说的内容与让逊的报告内容一模一样。这两份报告令法国科学界非常振奋。这是一个重要发现，一定要核查清楚是怎么回事。

发生日食的时候，发光的太阳几乎被月亮遮住了，只有最上几层炽热的太阳大气暴露在黑色月影之外。分光镜捕捉到的就是它的微弱光谱，这种光的光谱，完全不像有着夫琅和费线的普通太阳光谱。这条格外明亮的黄线就是从这种特别的太阳光谱上找到的。

以前，谁也没见过让逊和洛克尔发现的那条黄线，它看起来不属于任何已知的元素。两位天文学家的报告给了人们重大启发：太阳上一定有一种未知元素，人类从来没有在地球上找到过这种元素。

这条黄线只能属于某种未知的新元素。这意味着，有史以来，人类第一次发现了太阳上的新元素。这两个星球离得如此遥远，人们却发现了太阳上的一种新元素。

发现的目光有时候可以超越时间和空间，创造出科学史上的奇迹。这真是不可思议。借助宇宙深处的光谱，我们才能略略捕捉到无限远处的蛛丝马迹。

法国科学院将这种未知元素命名为Helium，翻译成中文就是“氦”，元素符号是He，意思是“太阳元素”，其词根Helios原指希腊宗教中的太阳神。

1878年是人类发现氦十周年，为了纪念这一重要发现，巴黎科学院铸造了金质纪念牌。纪念牌的一面是太阳神驾着四套马车的浮雕，另一面是让逊和洛克尔的雕像。

在“太阳元素”发现后的27年中，人们一直认为只有太阳上才有氦。那段时间人类对氦的研究一度中断，大家只是猜测它可能是一种很轻的气体。

1895年，人们在地球上就发现了氦。第一个发现氦的是英国化学家拉姆塞。

九、在光谱分析之外

光谱分析法只是本生和基尔霍夫众多的科学发现之一。本生取得的成就更大。基尔霍夫是物理学家。1859年，基尔霍夫做了用灯焰烧灼食盐的实验（前面已经告诉大家，那段时间，经常是基尔霍夫和本生一起做实验）。在对这一实验现象的研究中，他得出了关于热辐射的

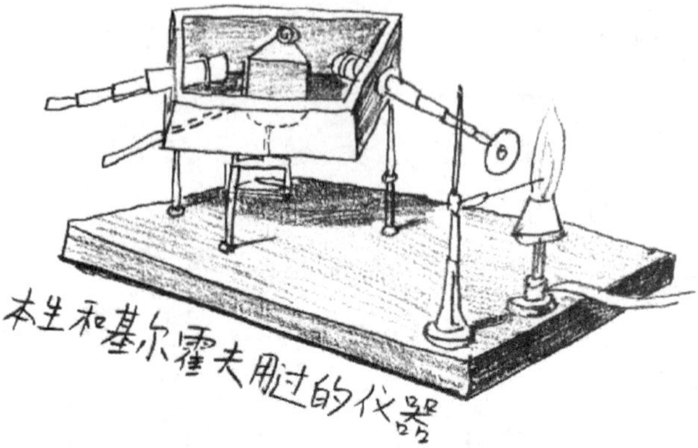

本生和基尔霍夫

定律。这就是我们常说的基尔霍夫定律（Kirchoff's law）。基尔霍夫根据热平衡理论导出，任何物体对电磁辐射的发射本领和吸收本领的比值与物体特性无关，而与波长和温度有关，即与吸收系数有关。基尔霍夫由此提出一个重要结论：太阳光谱的暗线是太阳大气中元素吸收的结果。他成功地解释了夫琅和费线的形成原因。

这时你就体会到学科交叉和渗透的魅力了。本生两眼紧盯着陌生的元素，基尔霍夫以一个物理学家的眼光从旁相助，两人发挥各自的优势，取长补短，相得益彰，共同谱写了科学史上的新篇章。

对夫琅和费线成因的解释给太阳和恒星成分的分析提供了一种重要方法，由于光谱分析方法的应用，天体物理学进入了新阶段。

基尔霍夫更重要的成就是在电路设计方面。直到今天，基尔霍夫电路定律仍旧是解决复杂电路问题的重要工具。基尔霍夫被称为"电路求解大师"。

本生一生获得了很多科学奖励和荣誉，但他非常谦逊。他在谈到自己的发明时，总是说"别人曾经看见"，从不说"我已经发现了"之类的话。每当本生在讲演中提到光谱分析时，他的学生总是用长时间的掌声来表达他们对老师伟大功绩的尊敬和内心的自豪感。

本生终生未娶，把全部精力都献给了化学，献给了他的学生。直到 78 岁高龄，本生才辞去海德堡大学化学教授的职务。此后十年，本生的生活比较悠闲，也很愉快。他常常去旅游，放松心情，走进自然，感受自然的真实，有时候一个人，有时候和朋友们在一起。

1899 年 8 月 16 日，这位拥有几十项发明创造的科学家与世长辞，享年 88 岁。

第十章

游离态的碳

碳是常见的化学元素，在所有化合物中，含碳（也包括氢）化合物数量最多。而且，含碳化合物中往往含有氢元素，还有相当一部分含碳化合物中含有氧、氮、硫、磷等元素。它们共同构成了有机物的主体。

碳是构成一切生命的基础。可以说，没有碳就没有生命。人们几乎想象不出没有碳的生命将会是什么样子。不过在本章，我们只涉及游离态的碳。

碳是非金属元素，位于元素周期表的第二周期ⅣA族。拉丁语为carbonium，意为“煤，木炭”，化学元素“碳”这个字就是由木炭的“炭”字加石字旁构成的。

碳是一种常见元素，它以多种形式广泛存在于大气层和地壳中。人类最早知道的碳单质就是无定形碳，如煤、石墨和金刚石。此外，20世纪80年代以来发现的富勒烯、石墨烯、碳纳米管都是碳元素的单质，它们互为同素异形体。

碳的化合物更多，其中多是有机化合物，也有很少量的无机化合物，如碳酸盐和碳的氧化物。有机化合物种类繁多的根本原因在于，碳原子能够自相连接成链和成环，这是碳原子成键的最大特点，而有机化合物是构成生命的基础物质。所有生命的体内绝大多数分子含有碳元素，包括人类自身。

本章要介绍的是几种游离态的碳。

一、古代人对煤的认识和利用

与地球上氧、硅、铝等元素相比，碳的含量并不多，只占地壳质量的1%，但它在自然界所起的作用非常重要。树木、草本植物、动物，甚至人类，都是碳的储存地。

自然界中，游离态的碳主要以三种形式存在：一是金刚石，它是

二、金刚石和石墨的本来面目

1. 金刚石——大自然最美丽的晶体

自然界中有天然金刚石，是无数矿石中的一种，一般是无色或略带颜色的晶体。也有黑色的金刚石，但极其罕见。

说到金刚石，我们就会联想到它的硬度。它是自然界中最坚硬的物质，这使它在很多方面得到应用，如玻璃切割行业。最初裁玻璃刀尖头上使用的就是它，不过现在已经是用人造金刚石了。天然金刚石稀少，又有光泽，因此它很贵重，处于宝石的最顶层。

碳这种容易燃烧的普通元素竟然能通过自身原子间的组合变成珍贵的宝石，这真是自然界的一个奇迹。

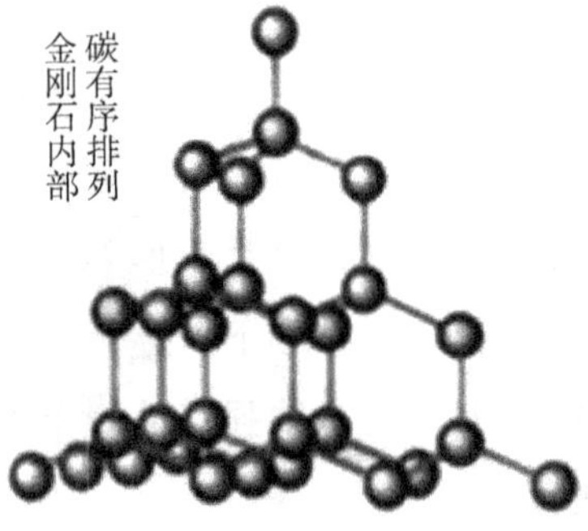

你能否想得通，如此美丽的钻石竟然是由碳原子构成的

自古以来，印度就以出产金刚石著称，那里的金刚石是从沙地里采来的。同样从沙地里采集金刚石的国家还有巴西、南非和俄罗斯。中国也有天然金刚石被人采集的情况，但历史上罕有记载。

碳是四价元素，虽然能跟许多原子结合，但能够首尾自相连接并形成特殊结构的物质并非易事。比如，若没有苛刻的温度和压力，没有缺氧的环境，没有漫长的时间相伴，金刚石的形成几乎是不可能的。在自然界，从默默无闻的碳原子转变成正四面体的金刚石不知要耗费多少时间。

最漂亮的金刚石多半是一种单晶体。研究表明，当熔融的岩石在30个标准大气压下时，金刚石才有可能结晶出来，这仅仅是边界条件。更多时候需要更高的压力，甚至会高到6万个标准大气压。只有在地壳下60～1000千米的深处，才会产生这样大的压力。

这么一比，我们就知道金刚石晶体的生成是多么不容易了。另外，地壳很难再发生翻天覆地的变化。因此岩石从深的地方冒出地面的可能性微乎其微。物以稀为贵，我们的祖先早就明白这个道理。

作为天然钻石的金刚石的核心就是微观结构（或空间点阵）的一个最小周期性重复单位，我们今天把它叫作晶胞。从一个最初的晶胞成长为一颗光芒四射的宝石（宏观结构），是一个极其漫长的自然过程。金刚石的孕育成型需要极其特殊的地壳压力、温度和其他条件。透过巧夺天工的珍品，我们隐约感受到金刚石的前世今生。当想到它仅是由纯粹的碳原子构成时，你就会更加惊叹自然的造化了。

很早以前，人们开采出了一颗金刚石，重达194克，是当时的世界之最，人们把它叫作超级金刚石。1905年，非洲开采出了一颗更大的金刚石，重达605克，是超级金刚石质量的3倍多，人们把它叫作非洲之星（Cullinan）。这颗钻石发现于南非普列米尔矿山。它纯净透明，发出淡蓝色光泽，是最佳品级的宝石级金刚石。直到现在，它仍然是世界上最大的天然宝石级金刚石。

超过2克的天然金刚石就很稀罕，价格也很昂贵。这样一颗金刚石的价值远远不是同样质量的黄金所能比拟的。

2. 石墨——具有最平凡的外表

在碳的几种同素异形体中，石墨（graphite）是最常见的一种。在家里和实验室里都能见到它，如干电池的电极。

石墨是一种比较软的矿物，常用于制造铅笔芯和润滑剂。希腊文

graphein 的原意就是“用来写”。

石墨是层状晶体，在石墨晶体中，同层的碳原子以 sp^2 杂化形成共价键，每一个碳原子以三个共价键与另外三个碳原子相连。六个碳原子在同一个面上形成正六边形，如此周期性地伸展成片层结构，这种成键方式决定了石墨属于六方晶系。石墨晶体中，C—C 键的键长皆为 142 皮米，这正好属于原子晶体的键长范围，因此对于同一层来说，它是原子晶体。

同一层内，每个碳原子除了以 sp^2 杂化成键外，还各剩下一个 p 轨道，这些 p 轨道与其所在的平面垂直，且相互重叠（肩并肩）。在这个面上，每个 p 轨道平均拥有一个电子，电子进行离域运动，这些电子相当于金属中的自由电子，所以石墨能导热和导电，这又与金属晶体类似。

理想的石墨晶体是典型的六边形层状结构。层与层之间的距离是 335 皮米，它们之间以范德瓦尔斯力（分子间作用力）结合，从这个角度看，层与层之间应属于分子晶体。

正是由于石墨的特殊成键方式，人们不能单一地认为石墨是原子晶体或者是分子晶体，所以常常把石墨归类为混合型晶体。石墨特殊的结构决定了其特殊的性质（如导电性、导热性、润滑性等）。

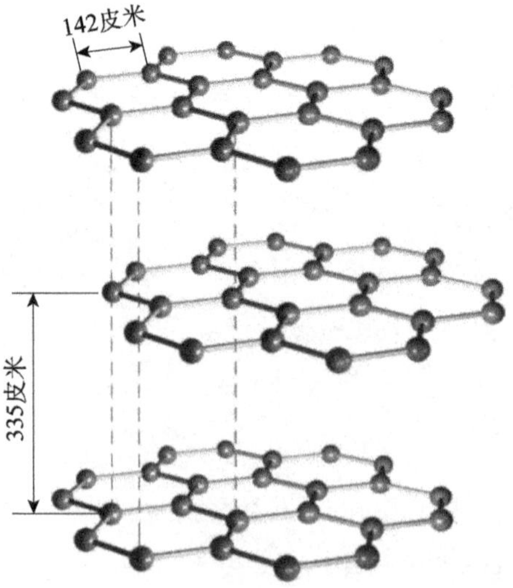

石墨的结构

石墨是一种天然矿石，柔软、滑腻是它重要的性征，因此常被用作固体润滑剂。轻轻摩擦就能留下黑色痕迹是它的另一个重要特征，人类利用它的这种性质制造出了铅笔芯。铅笔芯的主要成分是黏土和石墨，黏土使它变硬（hard），石墨使它变软（soft），铅笔的 HB、2B 等级别就是这么来的。

西伯利亚有著名的石墨矿床，叶尼塞河流域也有丰富的石墨矿层，世界上很多地方蕴藏着石墨矿床。虽然早已知道这种矿石，但是直到 18 世纪后期，人们才搞清楚它们究竟是由什么构成的。

3. 证明金刚石和石墨均由碳元素组成的实验

17 世纪末，就有人猜测，金刚石很可能是一种可燃物质。后来，真有人做过此类实验。法国化学家马凯尔（P. J. Macquer，1718—1784）和卡德（I. C. Cadet，1731—1799）在空气中将金刚石加热到高温，金刚石燃烧起来，但他们对此只是觉得不可思议，并没有思考太多。

1772 年，法国化学家拉瓦锡和同事重新做了这个实验。实验证明，如果金刚石不跟空气接触，即使加强热也不能使它燃烧。拉瓦锡还想弄清楚金刚石燃烧后到底变成了什么。于是，他设计了一套并不简单的实验装置。

他将玻璃瓶倒立在水上或汞上，瓶里装满空气或氧气，再把金刚石放在瓶中的支架上，用大聚光镜对它加热。实验结果表明，无论在水上还是汞上，金刚石燃烧后生成的气体都能使石灰水产生白色沉淀，但用汞时瓶里气体的体积不变，用水时气体体积有所减小（这是因为生成的二氧化碳能部分溶于水并与水反应生成碳酸而达到平衡）。通过实验，拉瓦锡得知，金刚石燃烧所生成的气体是二氧化碳。

化学家舍勒曾经对两种矿石产生了浓厚兴趣，一种是软锰矿（二氧化锰），另一种是石墨矿。当时的化学家无法将这两种矿石区别开，就笼统地以“黑苦土”命名。舍勒用软锰矿同浓盐酸作用，制得了氯气。1779 年，科学家完成了石墨的燃烧实验。根据实验结果，人们终于明白，石墨是由碳元素组成的。

石墨和金刚石都是碳的单质，只是它们的晶形不同，性质也就不完全一样。1841 年，化学家贝采里乌斯（Jons Jakob Berzelius，1779—1848）提出“同素异形体”这个术语，说明同种元素可以以不同单质的形式存在。当时，贝采里乌斯发现并研究过的同素异形体，除碳以外还有硫和磷。

三、人造金刚石的诞生

在拉瓦锡的金刚石燃烧实验之后，又过了 100 余年，法国化学家莫瓦桑想利用氟代烃分解反应制取金刚石，结果得到的却是无定形碳。1890 年，法国化学家多布里（G. A. Daubree，1814—1896）着手研究含金刚石的陨石和地壳的形成过程。他断言，金刚石是在高温高压下形成的。

1892 年，法国化学家弗里德尔（C. Friedel，1832—1899）向法国科学院提交了一份报告。报告中说，他从美国亚利桑那州发现的陨石中找到了许多微细的金刚石。

受此启发，莫瓦桑又转向研究陨石和陨铁。他发现其中除了含有金刚石外，还含有石墨和无定形碳。此外莫瓦桑还研究了南非和巴西含有金刚石的岩石，在其中发现了石墨，同时发现了铁元素。

于是，莫瓦桑做出了这样的推论：石墨和无定形碳可以作为人造金刚石的原料；金刚石是在含铁的环境下形成的，它很可能是从含碳的铁中结晶出来的。

基于上面的假设，莫瓦桑设计了一种合成金刚石的方法。在电炉中将石墨坩埚里的金属铁加热，使其熔化，让熔化的铁为碳所饱和。然后把熔化的铁倾入冷水中，在固化时，含碳的铁会像水变成冰那样发生膨胀。在迅速冷却过程中，含碳的铁总是外层金属先固化，等到内部金属开始固化时，就会在金属内部产生高压。在这种条件下，一部分碳就结晶成黑色的金刚石。然后用不同的酸处理固化的铁块，除了金刚石以外，其他的物质都被溶解。

这个实验设计大胆且冒险，但能有多少金刚石生成很难说。探索未知世界的科学精神当然值得倡导。

1893 年 2 月 6 日，莫瓦桑向法国科学院报告了他的实验，结果引起了社会轰动。第二天，各大报刊都在头版用大号字体登出了莫瓦桑的名字。莫瓦桑一夜成名。

听到了莫瓦桑的实验结果后，拥有金刚石矿的百万富翁开始焦虑不安。他们担心，一旦人造金刚石投入生产，自己就会破产。而那些没有金刚石的人们则梦想着自己很快能够制造出各式各样的金刚石。

梦想虽然美好，但美好的梦想变成现实从来都不容易，因为它们之间的距离实在太遥远了。虽然改进了实验设备，摸索出了不少新的方法，提高了原料的用量，但都没有得到令人满意的结果。所造金刚石不是颗粒太小，就是色泽深且暗。

那时候，有一颗最大的接近于无色的人造金刚石小晶体，其直径还不足 1 毫米，只够做 X 射线单晶衍射（表征其晶体结构）实验用。可是，人们却把它当作贵重的宝贝，细心地珍藏在法国巴黎的卢浮宫里，陈列在它身旁的就是世界上最大的天然金刚石。可见人们同样看重科学和财富。

半个多世纪后，化学家本迪（F. P. Bundy）用镍等过渡金属作为催化剂，在 2000℃和 7 万个标准大气压下，成功使石墨转化为金刚石。与这一苛刻条件相匹配的设备也是用特殊材料制成的，这是高新技术发展的结果。

1957年，美国通用电气公司开始了金刚石的工业化生产。1962年，瑞典通用电气公司也投入了工业生产。此后，美国通用电气公司应用晶种的触媒法，以金刚石粉为碳源溶解于熔融的金属铁镍中，借助反应室中适当的温度梯度，把碳输送到高压釜反应室中温度较低处的金刚石晶种上，并在晶种上沉积出晶层。使用这种方法，在大约 6 万个标准大气压和 1500℃温度下，几天之内便长出了 0.2 克左右的宝石级优质人造金刚石。

我们在实验室里培养晶体，条件实在是温和得不能再温和。有些晶体的得来根本不费力气。当然，后来还发展了其他一些合成金刚石的方法。不管哪一种方法，条件都极端苛刻，出产品很不容易。人造金刚石的世界年产量虽然在逐年增长，但依然很低。

四、碳的另外三种同素异形体

金刚石和石墨是碳的两种最重要的单质，除此之外，科学家还发现了碳的另外三种同素异形体。第一种是富勒烯，第二种是石墨烯，第三种是碳纳米管。

如果说金刚石的发现是非常神奇的，那么这三种游离态碳的发现，不论是在结构、性质，还是在应用前景上，都是令人震惊的。

1. 富勒烯

富勒烯是继金刚石、石墨和线性碳（carbyne）之后为人所知的碳元素的第四种晶体形态。富勒烯指的是一类物质。理论上说，任何由碳一种元素组成，以球状、椭圆状或管状结构存在的物质，都可以叫作富勒烯。在结构上，富勒烯与石墨有类似之处，但石墨的结构中只有六元环，而富勒烯中可能存在五元环。

1985 年，英国化学家哈罗德・克罗托（Sir Harold Kroto，1939—2016）博士和美国赖斯大学的科学家罗伯特・科尔（Robert F. Curl，1933— ）、理查德・斯莫利（Richard Smalley，1943—2005）等在氦气流中以激光汽化蒸发石墨实验中首次制得由 60 个碳组成的碳原子簇结构分子 C_{60}。

受美国建筑设计师理查德・巴克敏斯特・富勒（Richard Buckminster Fuller，1895—1983）设计的加拿大蒙特利尔世界博览会球形圆顶薄壳建筑的启发，科学家认为 C_{60} 可能具有类似球体的结构，因此将其命名为“巴克敏斯特·富勒烯”（buckminster fullerene），简称“富勒烯”（fullerene）。

1989 年，德国科学家霍夫曼（August Wilhelm Hofmann，1818—1892）和克雷奇默（Wolfgang Kratschmer）通过实验证实了 C_{60} 的笼型结构，富勒烯从此成为科学界的新宠，相关研究不断更新。

从理论的层面看，C_{60} 的发现使我们了解了一个全新的化学世界，从平面的或低对称性的分子到全对称的球形分子，从平面的芳香性到球面的芳香性，从简单的分子到笼型“超原子”分子，从一维超导到三维超导，等等。富勒烯的发现极大地扩展了我们已有的概念边际。

1996 年 10 月 7 日，瑞典皇家科学院决定把该年度的诺贝尔化学奖授予克罗托、科尔和斯莫利，以表彰他们在发现富勒烯方面的卓越贡献。

在数学上，富勒烯的结构都是由五边形和六边形组成的凸多面体。最小的富勒烯是 C_{20}，是正十二面体构造。那么为什么没有 22 个顶点的富勒烯呢？答案需要你去寻找。之后都存在 C_{2n}（n=12、13、14…）的富勒烯，所有富勒烯结构的五边形个数为 12 个，六边形个数为 $n-10$ 个。是不是有一些神奇？这就是拓扑结构的奥秘了。

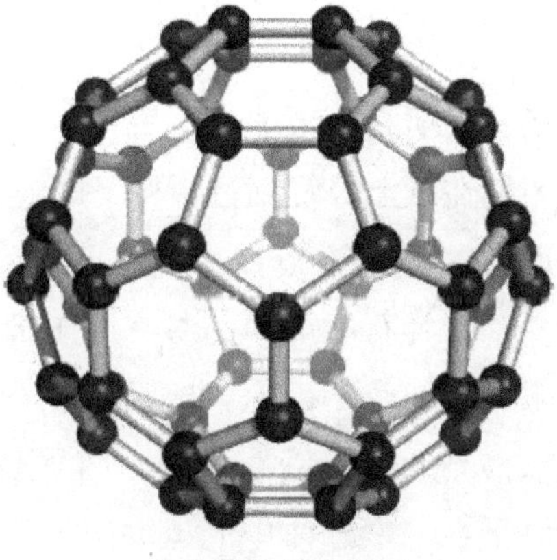

富勒烯的结构模型

在富勒烯家族中，C_{60} 的制备和提纯比较容易，价格相对低廉。因此，C_{60} 及其衍生物是被研究和应用最多的富勒烯。

质谱、X 射线等现代物理表征技术证明，C_{60} 的分子结构为球形 32 面体，它是由 60 个碳原子通过 20 个六元环和 12 个五元环连接而成的足球状空心对称分子，其中包含 30 个碳碳双键。因形似足球，人们也常把它们称为足球烯。C_{60} 分子具有芳香性，溶于苯呈酱红色。

C_{60} 及富勒烯家族的诞生是 20 世纪 80 年代的重大发现之一。具有重要意义的是，这些神奇的全碳分子及其衍生物显示出许多新颖、奇特的物理化学性质。它们在非线性光学器件、超导材料、光导材料、有机太阳能电池等方面有潜在应用，有些应用已经崭露头角。

2. 石墨烯

明白了石墨的结构后，再来理解石墨烯的结构就简单了。石墨烯（graphene）是一种蜂窝状平面薄膜，碳原子在其中以 sp^2 方式杂化，是一种只有一个原子层厚度的准二维材料，所以又叫作单原子层石墨。石墨烯的厚度大约为 0.335 纳米，依制备方式的不同而略有起伏，通常在垂直方向的高度大约为 1 纳米，在水平方向的宽度为 10 ～ 25 纳米。石墨烯是除金刚石以外碳晶体（零维富勒烯、一维碳纳米管、三维体向石墨）的基本结构单元。

石墨烯本来就存在于自然界中，只是难以剥离出单层结构。石墨烯一层层叠起来就是石墨，厚 1 毫米的石墨大约包含 300 万层石墨烯。铅笔在纸上轻轻划过，留下的痕迹很可能就是石墨烯，不过不止一层，而且有些支离破碎。

在纯石墨烯中，所有原子都排列在同一层，电子的运动自然就被限制在一个平面上，这是决定石墨烯全新电学属性的根本原因。科学家推测，在石墨烯中，电子的运动速度接近光速的 1/300，远远超过了电子在一般导体中的运动速度。因此，石墨烯有可能成为世界上导电性最好的材料。

美国麻省理工学院已经成功研制出表面附有石墨烯纳米涂层的柔性光伏电池板。这种电池可以显著降低制造透明可变形太阳能电池的成本，有可能在夜视镜、相机等小型数码设备中应用。石墨烯超级电池的成功研发，解决了新能源汽车电池容量不足及充电时间过长的问题，极大地加速了新能源电池产业的发展。这些研究成果为石墨烯在新能源电池行业的应用奠定了重要基础。

美国俄亥俄州的 Nanotek（纳米技术）仪器公司利用电子在石墨烯表面和电极之间快速大量穿梭运动的特性，开发出一种新型电池，其充电时间从原来的数小时压缩到一分钟。如果一分钟快充石墨烯电池能够实现产业化，必然能带来电池产业的变革，促进新能源汽车产业的革新。

最近，美国加利福尼亚大学洛杉矶分校的研究人员开发出一种以石墨烯为基础的微型超级电容器。该电容器体积小巧，充电速度是普通电池的 1000 倍，可以在数秒内为手机甚至汽车充电，同时可用于制造体积较小的器件。

微型石墨烯超级电容技术的研究成功给电池工业带来了变革。当前制造微型电容器的方法主要是平版印刷技术，这一技术有一定缺陷，而微型石墨烯超级电容技术一定会给我们带来光明的前景。

3. 碳纳米管

碳纳米管（carbon nanotubes）又名巴基管，可以看作由石墨烯片层卷曲而成。按照石墨烯片的层数可分为单壁碳纳米管（或称单层碳纳米管，single-walled carbon nanotubes，SWNT）和多壁碳纳米管（或称多层碳纳米管，multi-walled carbon nanotubes，MWNT）。

在形成多壁碳纳米管的时候，层与层之间很容易成为陷阱中心而捕获各种缺陷，因此多壁碳纳米管的管壁上通常布满小洞样式的缺陷。与多壁碳纳米管相比，单壁碳纳米管直径分布范围小，缺陷少，具有更高的一致性。单壁管的典型直径在 0.6 ～ 2 纳米，多壁管最内层直径约为 0.4 纳米，最粗可达数百纳米，典型管径在 2 ～ 100 纳米。

碳纳米管是一种具有特殊结构的一维量子材料，其结构特点是径向尺寸为纳米量级，轴向尺寸为微米量级，管子两端基本封口。

总而言之，碳纳米管主要由呈六边形排列的碳原子构成数层到数十层的同轴圆管。层与层之间保持固定距离，这个距离大约是 0.34 纳米，直径一般为 2 ～ 20 纳米。根据碳六边形沿轴向的取向不同，碳纳米管包括锯齿形、扶手椅形和螺旋形三种。其中螺旋形碳纳米管具有手性，另外两种碳纳米管没有手性。

在碳纳米管中，碳原子以 sp^2 杂化为主，同时六角型网格结构存在一定程度的弯曲，结果是形成空间拓扑结构。除 sp^2 杂化外，也有一定数量的 sp^3 杂化键。混合杂化状态中的 p 轨道彼此交叠，在碳纳米管石墨烯片层外形成高度离域化的大 π 键。碳纳米管外表面的大 π 键是碳纳米管与一些具有共轭性能的大分子以非共价键复合的化学基础。

碳纳米管并非完全笔直，在局部区域往往出现凹凸，这是由于在六边形编制过程中出现了五边形和七边形。如果五边形正好出现在碳纳米管的顶端，即形成碳纳米管的封口。在形成七边形的地方，碳纳米管则凹进。这些拓扑缺陷可以改变碳纳米管的螺旋结构，在缺陷附近，其电子能带结构随之发生改变。另外，两根毗邻的碳纳米管并非直接粘连在一起，而是保持一定的距离。

作为一种一维纳米材料，碳纳米管结构特殊，重量轻，这决定了它们具有许多异常的力学、电学和化学性能。近年来，随着碳纳米管及纳米材料的深入研究，其潜在的应用前景不断显现出来。

俄罗斯科学家曾将碳纳米管置于 1011 兆帕的水压（相当于水下 10 000 米深的压强）下，巨大压力瞬间将碳纳米管压扁。但撤去压力后，碳纳米管像弹簧一样立即恢复了原状，表现出非常好的韧性。

2000 年 10 月，美国宾夕法尼亚州立大学的研究人员发现，碳纳米管的强度比同体积钢的强度高 100 倍，重量却只有后者的 1/7 ～ 1/6，碳纳米管因而成为“超级纤维”的潜在选择。有的科学家认为，它们或可以用作太空电梯的高强度碳缆。

第十一章

揭示化学元素周期律

在中学阶段，教师就会给学生讲化学元素周期律，到了大学，元素周期律仍然是重要知识点。

笔者在大学主讲“无机化学”，经常给学生讲元素周期律，而且有一种常讲常新的感觉。

在这一章，笔者将从历史的角度揭示元素周期律的发现和定型。

到了19世纪，化学上的发现已经积累了许多材料和事实，但知识的有序和系统总结还远远不够。将它们进行组织和整理变得日益迫切。

说到元素周期律的发现过程，我们第一个想到的当然是门捷列夫（Дми́трий Ива́нович Менделе́ев，1834—1907）。但在他之前，还有很多人的工作绝不可以被忽略。不论是德贝莱纳（Johann Wolfgang Döbereiner，1780—1849）、纽兰兹（John Alexander Reina Newlands，1837—1898），还是其他化学家，他们的奋斗历程充分展现了科学家追求真理时的探索精神和坚忍不拔的毅力。

一、早期的工作积累

1. 元素种类的增加

19世纪初，戴维用电解法和热还原法制得了钾、钠、镁、钙、锶、钡、硼和硅，并证明黄绿色的气体是元素氯而不是“氧化盐酸”。戴维使元素的种类增加了9种。与此同时，武拉斯顿制得了铑和钯。武拉斯顿是法拉第的好朋友，曾与戴维竞选过英国皇家学会的主席。贝采里乌斯发现了铈、硒和钍。库特瓦用浓硫酸处理海藻灰母液，制得了单质碘。斯特罗迈耶通过还原氧化镉制得金属镉。斯特罗迈耶是本生的老师。维勒用金属钾还原无水氯化铝制得了纯净的金属铝。溴是用氯气从其盐溶液中取代出来的。

19世纪上半叶，人们还发现了钽、锇、铱、锂、钒、镧、铌、钌、铽、铒。众多元素的发现主要归因于分析方法的多样化和分析技术的进步。由于本生和基尔霍夫创造了光谱分析法，从1860年开始之后的四年，人们分别发现了铯、铷、铊、铟四种元素。发现元素的浪潮是一波又一波。此时，化学家已经发现了63种元素，与这些元素关联的物质就更多了。

在对这些元素和物质进行研究时，人们发现，虽然一些元素的性质很明确，积累的资料也非常多，但是化学家总是感到千头万绪、繁杂纷乱，应用起来力不从心。人们很难从中获得清晰、条理化和系统化的认识。因此，整理这些资料，概括这些知识，通过分析归纳从中总结出规律，就成为摆在当时化学家面前一个亟待解决的课题。

自从道尔顿提出科学原子论之后，许多化学家把测定各种元素的原子量当作一项重要工作，并逐渐明确了原子价（化合价）的概念。随着工作的逐步展开，元素原子量与性质（包括化合价）之间的相互关系越来越被人们所了解。

2. 德贝莱纳提出“三元素组”

1829年，德国化学家德贝莱纳提出了“三元素组”学说。在“三元素组”假说框架里，他把当时已知的54种元素中的15种分成5组，每组包括3种元素。他发现，每组的3种元素性质相似，而且中间元素的原子量等于较轻元素和较重元素原子量之和的一半。

这里以钙、锶、钡为例，这3种元素性质相似，且锶的原子量大约是钙和钡原子量之和的一半。氯、溴、碘及锂、钠、钾这两组元素也有类似的关系。但这样的关系仅限于少数元素，即使对当时的54种元素而言，也有不少例外。因此，“三元素组”学说既不普遍，又不适用。没有引起人们的重视是必然的。

3. 尚古多首创“螺旋图”

1862年，法国矿物学家尚古多（Beguyer de Chancourtois，1820—

1886）提出了“螺旋图”分类方法，他将当时已知的62种元素按原子量的大小顺序标记在绕着圆柱体上升的螺旋线上。结果，某些性质相近的元素恰好出现在同一母线上。

尚古多指出，元素性质具有周期性变化。在解释元素性质的周期性变化方面，他是化学家中的第一人。但他没有区分主族和副族，导致一些性质迥异的元素出现在同一条母线上，像硫和钛、钾和锰就是这样。对此，尚古多无能为力。

在两年的时间里，尚古多先后给巴黎科学院提交了三篇论文，还附加了图表和模型。但这些论文如石沉大海，尚古多只能在失意中度过。20多年后，元素周期律已被普遍接受，人们才想起了尚古多，他当初的论文终于得以出版。

4. 纽兰兹提出“八音律”

1865年，英国工业化学家纽兰兹提出了“八音律”。他把当时已知的元素按原子量递增的顺序排列成表后发现，从任意一个元素算起，每到第八个元素就和第一个元素的性质相近，他把这个规律称为“八音律”。

纽兰兹认为，相似元素常相隔7个或7的倍数个。总之，元素的性质有周期性的重复，第八个元素与第一个元素性质相近，就好像音乐中八音度的第八个音符与第一个音符有相似的重复一样。“八音律”的名称由此而来。纽兰兹“八音律”表的前两个纵列相应于现代周期表的第二、第三周期，但从第三纵列以后，结果就不尽如人意了。如果从元素的性质考虑，第三纵列以后的元素不是放错了位置，就是颠倒了顺序。

纽兰兹犯错误的根源就在于，他太相信原子量，没有充分估计到原子核内的情况及核外电子的排布问题。不过，在纽兰兹去世之后很多年，科学家对原子结构才有了更好的认识。纽兰兹没有给尚未被发现的元素留下应有的位置。他只是机械地将元素按原子量大小的顺序连续地排列起来，而把原子内在的本质规律给掩盖起来了。结果是锰和氮、磷、砷竟然成了性质相似的一组；钴和镍夹在氯、溴之间，竟然变成了卤素家族的成员。难怪他的同行说，“八音律”是幼稚的滑稽戏。化学家佛斯特（Foster）教授甚至挖苦说：“为什么不按元素的字母顺序排列呢？那样的话，也许会得到更加意想不到的美妙效果。”

纽兰兹陷入理论的困境，失望之余，转而研究制糖工艺，也算是对自己的解放和对难堪局面的解脱了。

尽管如此，包括“三元素组”和“八音律”在内的那些默默无闻的工作都从不同的角度探讨了各元素间的某些联系。

二、迈尔的贡献

1. 人生点滴

1830 年 8 月 19 日，尤利乌斯·洛塔尔·迈尔（Julius Lothar Meyer，1830—1895）出生在德国一个医生家庭，从小就受到医疗知识的熏陶。1854 年，迈尔获得维尔兹堡大学医学博士学位。

毕业后，迈尔发现自己的兴趣是科学研究，而不是当医生。他的老师非常理解他对未来的选择。在他的导师、生理学教授路德维希的鼓励下，迈尔转向研究生理化学，后来又在海德堡大学化学教授本生的指导下进行研究。

本生对气体的研究使迈尔感到豁然开朗。迈尔的论文《血液中的气体》正是在本生的启发下完成的。这篇论文告诉人们，氧气在肺部被血液吸收的量与压力无关。吸收并不是简单的溶解，而是一种化学反应，因为氧气与血液之间存在着较松弛的化学结合力。迈尔同时指出，一氧化碳与血液之间存在着较强的化学结合力，所以一氧化碳能够排挤掉已经与血液结合的氧。这就是煤气中毒的根源。19 世纪中叶，迈尔已经解决了这一问题。

1859 年，迈尔担任了布雷斯劳大学的讲师。那段时间，迈尔对化学发展史很感兴趣，重点研究了 19 世纪上半叶的化学发展史，并写成了《贝托雷和贝采里乌斯的化学理论》一书。这一研究使他有机会比较和鉴别当时各种化学思想的交锋。

1860 年，迈尔出席了卡尔斯鲁厄国际化学会议。这是一次化学界的国际盛会。会议期间，迈尔研读了意大利化学家康尼查罗（Stanislao Cannizzaro，1826—1910）关于利用阿伏伽德罗定律和原子热容定律测定原子量和分子量的论文，有一种拨云见日的感觉。迈尔坚信阿伏伽德罗分子论的正确性，认为化学理论将迎来重要的发展阶段。

于是，他系统总结了当时的化学理论。1864 年，他完成了《近代化学理论》一书，书中讲述了科学的原子-分子论。这本书再版了五次，并被译成英文、法文和俄文出版。可以说，这是一部有划时代意义的著作。许多人正是通过这本书认识了原子-分子论。那一年，他还不到 34 岁。

2. 第一张元素周期表

在《近代化学理论》的第一版中，迈尔详细论述了对元素周期性的认识，书中附有他的第一张元素周期表。这部分内容是《近代化学理论》的一大亮点，充分展示了迈尔对元素性质的敏感性。

迈尔在周期表中列出了 28 种元素，把它们按原子量递增的顺序排列，周期性地分成 6 个族，这 6 个族元素的化合价呈现出明显的周期性变化，同族元素也呈现出明显的相似性。

迈尔还计算了同族元素的原子量之间的差值。他发现，第二横排元素的原子量与第三横排相应元素原子量的差值都是 16，其他横排之间也有类似的规律。这样的发现使迈尔兴奋不已。他趁热打铁，通过计算，得到了很多有价值的结果。迈尔预言："在硅与锡之间应该有未被发现的元素存在，它的原子量可能是 73.1。”

3. 第二张元素周期表

1868 年，在《近代化学理论》的第二版中，迈尔将他的第二张元素周期表公之于世。在这张元素周期表中，新增加了 24 种元素和 9 个纵行，共计 15 个纵行。

在这本书里，迈尔首次提出了主族元素和副族元素的概念。他把主族元素和副族元素分别放在不同的板块，显示出各自的特性。副族元素就是后来的过渡元素，都是金属，在周期表的横行里起承续和过渡作用。

4. 第三张元素周期表

1870 年，在发表一篇论文时，迈尔公布了他的第三张元素周期表。表中重新排列了硼和铟，并把铟的原子量修订为 113.4。他还在这张周期表中给尚未被发现的元素预留了空位。

但是，表中没有当时已知的氢元素。很可能的原因是，给氢元素选一个合适的位置是一件棘手的事情，因为这种元素既不像碱金属，又不像卤族元素，更不像其他家族的元素。

在今天的元素周期表中，氢的位置也很尴尬。这个位置既不表征它的性质，又难以说明它的结构。虽然它在第一主族，但在讲第一主族元素的有关性质时，我们并不把氢列入其中。它其实是一个“流浪汉”，不仅在周期表中，在整个宇宙中也是如此。

发表的论文中还附有“原子体积周期性图解”。迈尔在图中描绘了固体元素的原子体积随着原子量递增而发生的周期性变化，给人一种直观的感觉。这篇论文图文并茂、意义深远，是迈尔所取得的著名研究成果。

论文中，迈尔把一些易熔的元素（如 Li、Na、K、Rb、Cs）放在曲线的峰顶，把难熔的元素（如 C、Al、Co、Pd、Ce）放在曲线的谷底。迈尔兼容并蓄，吸纳创新，主要从化合价和物理性质入手，发现了一些重要的规律。

看看我们今天的元素周期表和元素周期律，你就会知道迈尔是一位多么善于创新的科学家了。

三、门捷列夫的工作

门捷列夫的名字总是跟元素周期表和元素周期律联系在一起。说到门捷列夫，我们一定要回顾一下他的周期表和周期律。

如果说科学上的创新是站在前人肩膀上摘得的苹果的话，门捷列夫的一只脚一定是踩在迈尔的肩上。他以包括迈尔在内的先行者的研究成果为基础，承袭过去又开拓创新，把两者融为了一体。

1. 周期律的本质

1869 年 2 月，门捷列夫编成了他的第一张元素周期表。在当年 3 月 18 日俄国化学会举行的学术报告会上，门捷列夫委托他的同事、彼得堡大学化学教授门舒特金（Н. А. Меншуткин，1842—1907）宣读了论文《元素性质和原子量的关系》。因为那时门捷列夫正病着。这篇论文后来发表在《俄罗斯化学学会志》1869 年第一卷中。

在这篇论文中，门捷列夫写道："最初在这方面所做的尝试是这样：我从最小的原子量选取元素，并把它们按原子量大小的顺序排列，发现元素的性质好像存在着周期性，甚至元素的化合价也是一个接一个按它们原子量的大小形成算术的序列。"

门捷列夫在论文中指出了元素周期律的本质，要点如下。

（1）按照原子量大小排列起来的元素，在性质上呈现明显的周期性变化。

（2）化学性质相似的元素，或者是原子量相近（如 Pt、Ir、Os），或者是依次递增相同的数量（如 K、Rb、Cs）。

（3）各族元素的原子价（化合价）一致。

（4）分布在自然界的元素都具有数值不大的原子量值，具有这样的原子量值的一切元素都表现出特有的性质，因此可以称它们是典型的元素。

（5）原子量的大小决定元素的特征。

（6）应该预料到许多未知元素将被发现，如排在铝和硅后面的、性质类似铝和硅的、原子量为 65 ～ 75 的两种元素。

（7）当我们知道了某些元素的同类元素的原子量后，有时可借此修正该元素的原子量。

（8）一些类似的元素能根据其原子量的大小被发现。

门捷列夫的思想就蕴含在这些文字之间，这八个要点揭示了元素周期性变化的大部分规律。其中最重要的是，元素的物理性质和化学性质随着原子量的递增而发生周期性的变化。

门捷列夫在科学上具有远见卓识。当时，他的工作不被人理解，包括他的老师、俄国化学家齐宁在内，都说他不务正业。但是他没有像纽兰兹那样，面对困境和误解放弃对新理论的研究。他不顾别人的指责和嘲笑，继续为化学元素周期律而奋斗。

经过两年的努力。1871 年，门捷列夫发表了关于周期律的新论文。在这篇论文中，他果断地修正了前一张元素周期表。在前一张表中，横排是同一个族，性质类似，竖排是周期，有性质过渡的意思；新周期表对于横排、竖排的安排正好相反，竖排是同一个族，横排是周期。这样，各族元素化学性质的周期性变化更清晰。

同时，他将当时性质尚不明确的那些元素集中在表格的右边，这使我们想起了迈尔的工作和主族、副族的概念。

2. 大胆预言

在新周期表中，门捷列夫给尚未发现的元素预留了 6 个空位，比以前增加了 2 个。他以周期律为依据，指出某些元素的原子量是不准确的，应当重新测定。做研究的人都知道，科学上的预言以谨慎为宜。门捷列夫之所以敢这么断言，是因为他深信他的周期律不会出错。他在做这件事时充满信心。

例如，当时的化学家公认，金的原子量是 169.2。如果是这样，那么在周期表中，金应该排在锇、铱、铂的前面。他们认为，这三种元素的原子量分别是 198.6、196.7、196.7。而门捷列夫在考察了金的性质后认为，金在周期表中应排在这三种元素的后面，所以它们的原子量应当重新测定。

后来，人们重新测定了这些元素的原子量，实验结果证明门捷列夫的预言是正确的。锇、铱、铂、金的原子量分别是 190.9、193.1、195.2、197.2。

还有一个例子同样能说明这个问题。当时，大家认为铀的原子量是 116，是三价元素。而门捷列夫认为，铀的氧化物与铬、钼、钨的氧化物性质相似，它们应该属于同一家族。这样的话，铀就应该是六价元素，它的原子量应该在 240 左右。后来，人们对铀的原子量进行了重新测定，结果是 238.07，再次证实了门捷列夫的科学预言。

经门捷列夫修正的原子量还有铟、镧、钇、铒、铈、钍。它们之中，有一些是稀土或稀有元素，有一些是放射性元素。门捷列夫成功的法宝就是元素周期表和元素周期律。

门捷列夫对各种元素的单质和化合物的化学性质十分了解，并清楚多种元素原子量的测定方法，这些知识使他对元素周期律深信不疑。

在周期表中，给尚未发现的元素留下空位，预言它们的性质，是门捷列夫在揭示元素周期律的道路上迈出的最出色、最有远见、最具胆略的一步。

1875 年，法国化学家布瓦博德朗（Paul Elime Lecoq be Boisbaudran，1838—1912）在分析比利牛斯山的闪锌矿时发现了一种新元素，他将新元素命名为“镓”，英文名为 gallium，词根 gallia 在拉丁语中是对法国的称呼。根据测定结果，他公布了镓的主要性质，其中包括镓的密度

(4.7)。

1879年，瑞典化学家尼尔森发现了钪。1886年，德国化学家文克勒发现了锗。这两种新元素与门捷列夫预言的“类硼”“类硅”元素相吻合。预言的成功表明了周期律的科学性，也极大地鼓舞了门捷列夫。

1889年，伦敦化学会邀请门捷列夫参加在那里举办的法拉第演讲会。在当时，参加法拉第演讲会是一种极高的荣誉，只有极少数科学家才能获得邀请。这一历史性邀请表明国际化学界对门捷列夫工作的高度肯定。

元素周期表就是门捷列夫的整个世界，他以这种方式眺望宇宙的结构，这些元素就是构造宇宙的基本单元。它们在自然界的位置主要是门捷列夫发现的。元素性质的周期性变化规律在元素周期表里有充分的体现。推而广之，周期律很可能是宇宙的基本规律。

门捷列夫在关于周期表的报告中说：“我预见到某些新元素的存在，在这里我提供一个例子——尽管至今我对它了解得还不太透彻。包括汞、铅、铋在内的第六周期元素中，我设想有一个与碲相类似、应排在碲下面的元素，可以把它叫作‘类碲’。”

不出所料，1898年，居里夫人发现了“类碲”，为了纪念她的祖国波兰，居里夫人把这种元素命名为“钋”(polonium)。它是世界上首次通过追踪放射性而发现的元素。钋的性质与门捷列夫预言的“类碲”的性质基本一致。

3. 周期律是自然界的客观规律

人们越来越清楚，化学元素周期律是自然界的客观规律。它揭示了物质存在的秘密，那些在外观上看起来互不相关的元素，其实存在着相互依存的关系，它们组成了一个完整的自然体系。

从此，新元素的寻找和发现、新物质的制造和探索有了一条可遵循的规律。作为描述元素及其性质的基本理论，元素周期律有力地促进了现代化学和现代物理学的发展。

门捷列夫为此做出了卓越贡献。他最引人注目的地方是，敢于对当时公认的原子量提出质疑，大胆地给未发现元素预留空位，并准确预言了这些元素的性质。

在谈到自己的工作时，门捷列夫说："定律的确证只能借助于由定律引申出来的推论。这种推论，如果没有这一定律便不能得到，也不能想到，其次才是用实验来检验这些推论。因此，我在发现了周期律之后，就多方面引出合乎逻辑的推论，这些推论就能证明这一定律是否正确，其中包括未知元素的特征和修改许多元素的原子量。没有这种方法，就不能确证自然界的定律。"

在另一个场合，他还说过这样的话："不论是法国人所推崇的周期律发现者尚古多、英国人所推崇的纽兰兹，还是另一些人认为的周期律创始人迈尔，都没有像我从最初（1869 年）起就做的那样，敢于预测未知元素的特性，改变'公认的原子量'，或者一般说来，把周期律认作一个自然界中结构严密的新定律，它能够把散乱的材料归纳起来。"现在看来，他对自己的评价并不夸张。

综合各方面的材料后，我们对门捷列夫印象至深。从1869年开始，他就将各元素的性质、周期律、推论和实验验证看成一体，把自己的辩证思想悄然渗透在对化学元素性质的考察中，并建立起一种普遍联系。门捷列夫周期律的问世依赖的是综合归纳法，而验证周期律借用的是演绎推理法。

1882 年，作为元素周期律的发现者，门捷列夫与迈尔共同获得了英国皇家学会的最高荣誉——戴维奖章。五年之后，英国皇家学会将同样的荣誉颁发给了纽兰兹，因为他的"八音律"确有价值。特别是在他那个时代，"八音律"对周期律的发现所起的承前启后的作用绝不可以被忽略。

4. 他有一位伟大母亲

1834 年 2 月 8 日，门捷列夫出生在俄国西伯利亚的托波尔斯克市。他在 14 个兄弟姐妹中是最小的。门捷列夫出生后不久，身为中学校长的父亲因患白内障而双目失明，母亲经营着一家小玻璃厂，一家人的生活仅靠此来维持。1847 年，父亲又患上了肺结核，很快就去世了。对这个子女众多的家庭来说，其艰难困苦可想而知。然而，不管生活多么困难，母亲仍然坚持让孩子们接受学校教育。母亲的坚强意志深深影响了门捷列夫。

1825 年 12 月，俄国十二月党人发动反对沙皇的武装起义。新登基的沙皇尼古拉一世镇压了起义后，将许多革命者流放到西伯利亚。其中一位被流放者后来和门捷列夫的姐姐结了婚。他爱好自然科学，使儿童时期的门捷列夫受到了自然科学知识的启蒙。

读小学时，门捷列夫就对数学、物理、历史课程感兴趣。但他却不爱好语文，尤其讨厌学拉丁语，因此这两门课程的成绩很一般。门捷列夫酷爱自然，上中学时就和老师一起做过长途旅行，搜集了不少岩石、花卉和昆虫的标本。门捷列夫善于在实践中学习，这是他的优点，也是学习化学必不可少的。

中学毕业后，母亲决定让门捷列夫像他父亲那样接受高等教育。于是，她变卖了工厂，从西伯利亚搬到了圣彼得堡。那是 2000 多千米的遥远旅途。在 19 世纪，俄国人出行要靠马车，这样遥远的旅程其艰辛程度可想而知。

门捷列夫出身寒微，来自边远的西伯利亚。那时候，西伯利亚就是流放地的代名词，与它相关联的是闭塞、落后和荒蛮。所以，在圣彼得堡这样一座贵族气息浓厚的城市里，门捷列夫想要申请一所大学很不容易。

好不容易考上了医学外科学校，在学解剖时他却无法面对尸体。他只好改变志愿，后来考上了彼得堡高等师范学校物理数学系。这所学校正是他父亲的母校。

看到门捷列夫上了大学，母亲终于放心了。不久，她便带着对儿子的祝福告别了人世。

在圣彼得堡这样一座陌生而又华丽的城市，门捷列夫举目无亲。他把学校当作自己的家，整天在学校和宿舍之间穿梭。他的身影常常出现在图书馆和自习室里。

那时，在彼得堡高等师范学校学识渊博的教授中，化学家伏斯克列辛斯基的教学和研究工作尤其鼓舞了这位年轻的大学生。门捷列夫的才能在这里获得了迅速提升。1855 年，门捷列夫以优异的成绩毕业，先后在辛菲罗波尔、敖德萨担任中学老师。门捷列夫并没有放松自己的学习和研究。

一年之后，他又出色地通过了学位论文答辩。门捷列夫刻苦学习的精神、认真钻研的毅力及广博的知识得到了老师的赞赏，彼得堡大学破格任命他为化学讲师，当时他只有22岁。他没有辜负母亲的期望。

5. 勤奋学习、努力工作

在彼得堡大学，门捷列夫最先任教的两门课程是理论化学和有机化学。当时流行的教科书大量是关于元素和物质的零散资料，既不系统，又不完整，相互间缺乏联系。门捷列夫整天思考的问题是，怎样组织材料才能讲好化学课。于是，他下决心考察和整理这些资料。

1859 年，门捷列夫获准去德国海德堡大学本生实验室深造。在本生实验室的两年，他集中精力研究物理化学。他运用物理学的方法来考察化学过程，又根据物质的某些物理性质来研究其化学结构。他的视野更加开阔、知识储备更加坚实，这为他探索元素间的内在联系奠定了重要基础。

当时，德国的卡尔斯鲁厄正在举行第一届国际化学会议，门捷列夫有幸和俄国化学家们一起参加了会议。会上，各国化学家进行了发言。康尼查罗的发言和散发的论文，给门捷列夫很大启迪。

后来，门捷列夫这样评价那次会议的收获："我的周期律思想形成的决定性时刻是在 1860 年。那一年，我参加了卡尔斯鲁厄国际化学会议。在会上，我聆听了意大利化学家康尼查罗的演讲，正是他提出的原子量的概念给了我重要的启发。"门捷列夫补充说："正是一种元素的性质随原子量递增而呈现周期性变化的思想冲击了我。"

门捷列夫有了奋斗的目标。从 1862 年起，他对 283 种物质逐一进行分析测定，这使他对许多元素和物质的性质有了更直观的认识和更深刻的了解。他还重新测定了一些元素的原子量，并对前人关于元素间规律性的探索工作进行了细致的分析和总结。

1867年，门捷列夫已经是彼得堡大学化学系的主任了。在教学和管理工作之余，他开始着手编写一本化学基础知识教科书——《化学原理》。

当时的物质种类已经非常多了，但它们的性质各不相同。既缺乏有机的联系，又没有可遵循的规律。因此，给它们进行科学的分类就是一个大问题。

门捷列夫在以下四个方面研究了元素的分类问题：①根据元素对氢和氧的化合关系所做的分类；②根据元素电化学性质所做的分类；③根据化合价所做的分类；④根据元素的综合性质所做的分类。

门捷列夫坚信，元素的原子量是元素的基本特征。他发现，性质相似的元素的原子量并不相近，一些性质不同的元素的原子量反而相差较小。他制作了许多卡片，上面写着元素名称、元素符号、原子量、化合价、化合物的化学式及主要性质。他紧紧抓住原子量与元素性质之间的关系，以此作为突破口，反复测试，不断探索。

他的卡片做得非常精致，就像我们今天的扑克牌。他反复排列这些卡片，慢慢地发现了一个秘密：每一行元素的性质，尤其是它们的化合价，随着原子量的增大而逐渐变化。他发现的这种变化特点就是周期性循环。

隐藏在自然背后的真相终于大白于天下，那些散沙般的元素和化合物并不是毫无关联。它们的性质随原子量的增加而呈现周期性的变化。第一张元素周期表就这样诞生了。

元素周期表和元素周期律获得了广泛认可，门捷列夫的声名也迅速从俄国传到了世界各地。一夜之间，他从彼得堡大学的普通化学老师成为闻名于世的卓越化学家。各种头衔纷至沓来。很多国家的科学院、学会、大学纷纷授予他荣誉称号、名誉学位及金质奖章。但在他的祖国，他却受到了冷落和排挤。

俄国科学院推选院士时，竟以门捷列夫桀骜不驯为借口，把他排

门捷列夫和元素周期表

除在外。但这也无法阻止门捷列夫成为卓越的科学家并在国际上获得巨大声誉。迫于无奈，彼得堡科学院推选他为院士，但门捷列夫拒绝加入。所以，我们就看到了一个非常奇怪的现象，俄国最伟大的化学家竟然不是俄国科学院的院士。

门捷列夫不重视个人的荣誉，从不佩戴那些奖章，这跟他心高气傲也有关系。在门捷列夫的内心深处，最敬爱、永远忘不了的还是他的母亲。他曾在一部化学著作的前言中写下这样一段话："这部著作是一个儿子献给母亲的礼物。为了使这个儿子得到良好的教育，她曾经耗尽了最后的精力。"语言中透露出来的是无限的深情和追念。

6. 在元素周期律之外

说到门捷列夫，我们马上就会想到元素周期表和元素周期律，好像他一辈子就做了这一件事。其实，他的研究范围十分广泛，只不过做得最好的是元素周期表和元素周期律。他还研究过气体定律、溶液化学、气象学、石油工业化学、农业化学、无烟火药及度量衡等，而且在这些领域都有所收获。

有一个故事很能说明门捷列夫献身科学的精神和爱冒险的性格。1887 年的夏天，天空发生了日食，对天文学家和气象学家来说，这是一个极好的机会。为了观察天象的变化，门捷列夫不顾家人和朋友的劝阻，独自乘热气球飞上天空。许多人替他捏了一把汗。后来，气球被风刮到很远的地方才降落下来。他的为了科学研究而不顾生命危险的精神感动了现场的每一个人。

1890 年，彼得堡大学按照沙皇旨意，加紧压迫校内的民主运动。门捷列夫和其他正直的教授向学校提出了抗议。在那个专制且近于腐朽的社会，他们的抗议并未起多大作用。门捷列夫愤而辞职，这非常不容易。如果没有社会责任感，如果只顾及自身利益，他能有勇气做这件事情吗？

五年之后，迫于社会的公愤和舆论的谴责，沙皇政府请门捷列夫担任国家度量衡局的局长。门捷列夫通过度量衡标准的鉴定和检查，把自己的科学知识用于国家的建设和发展，特别是应用于工农业生产。

在度量衡局局长这一岗位，门捷列夫一直工作到生命的最后一天。1907 年 2 月 2 日，这位享有世界盛誉的俄国化学家与世长辞。他给我们留下了《化学原理》和元素周期律。在 20 世纪的约 100 年时间里，《化学原理》是国际化学界公认的名著，共出了八版，影响了一代又一代人。

回顾元素周期律的发现历程，我们就会想到那一群人，他们身怀绝技、技术高超、思维独特，是发现之路上的领航人。在他们走过的地方，是科学思想孕育出来的一片绿洲。

第十二章

有机合成——跨越生命的禁区

说到有机物，我们就会想到，它们是有生命的物质，或源于有生命的物质。在今天的化学领域，这样的定义有失偏颇。

但换个角度看，这样的理解也不无道理。从化学发展史的角度看，当初对有机物的定义也可以理解。因为除了水之外，有生命的物质里面含有的主要就是有机物。

最早的有机物与酿酒、造醋、染色、油漆等手工业生产有关。很早以前，人类就开始制造有机物了。早在2000多年前，世界上几个文明古国就掌握了酿酒和造醋技术。明朝李时珍在《本草纲目》一书中详细记载了烧酒的制造工艺，“凡酸坏之酒，皆可蒸烧”，意思是含有少量醋酸的酒在蒸馏时，酒先被蒸出，醋酸因沸点较高而被留下。这样，酒精和醋酸就可以分开了。李时珍在书中还记载了用五倍子制取没食子酸的方法，方法的初创时期可追溯到北宋。

这些古老的工艺在古印度、古巴比伦、古埃及、古希腊和古罗马等国家有悠久的历史。那些国家的人民在与有机物有关的染色、酿造等方面也做出了自己的贡献。古老的手工业作坊形成了当时社会的一道风景。

一、19世纪以前人们对有机物的认识

到18世纪后半期，有机化合物的分离和提纯工作取得了明显进展。瑞典化学家舍勒的工作最能说明这一点。从13岁起，舍勒就在药房当学徒。舍勒热爱这份工作，终生从事药物的提炼和配制，也正因此积累了丰富的经验。舍勒一生的努力没有白费，他提纯分离了大量的有机化合物。

1769～1785年，舍勒从酿酒副产品酒石中得到了酒石酸，从柠檬中得到了柠檬酸，从苹果中得到了苹果酸，从酸牛乳中得到了乳酸，

从尿中得到了尿酸，从五倍子中得到了没食子酸。他再将没食子酸加热，得到了焦性没食子酸。他用硝酸氧化蔗糖的方法得到了草酸。

舍勒能够离析出有机酸主要是利用有机酸的钙盐和铅盐难溶于水的特性，先把它们以盐的形式沉淀出来，再用无机酸酸化，纯的有机酸就离析出来了。

19 世纪以前的有机物直接或间接地来自动植物体。因此，那时的人们认为，从动植物体内得到的物质才算得上是有机物。有机化合物的定义便源于此。

18 世纪和 19 世纪上半叶，在生物学和有机化学领域开始流行一种理论——生命力论。持生命力论的学者认为，动植物有机体具有一种生命力（拉丁文是 vis vitalis，也可翻译为活力），自然界正是依靠这种生命力，才创造出了各种各样的有机物质。

早期，生物学中的生命力论是有机化学生命力论的盟友。人们认为，有机物质只能从动植物有机体中产生，而人们在实验室或生产环节制造出来的只能是无机物质。总之，有机物和无机物之间有不可逾越的界限。或者说，有机物不是合成出来的，特别是无机物不能合成有机物。生命力论光芒四射，一度拥有众多追随者。

二、开拓者的足迹——霍夫曼的故事

1818 年 4 月 8 日，霍夫曼出生在德国的吉森。18 岁时，他进入吉森大学学习法律，但他感兴趣的却是哲学，尤其是自然哲学。

1. 众多发现

当时，著名化学大师李比希在吉森大学化学系工作，李比希的课堂和实验吸引了众多学生，霍夫曼就是其中之一。大学期间，他常去李比希的实验室。正是在李比希的影响下，霍夫曼决心放弃法律改学化学。有一天，他找到李比希，说明了他的想法，又和校方进行了交涉。最终，他成了李比希的学生。

霍夫曼研究的第一个课题是“煤焦油中的碱性物质”。经过反复实验，他终于在 1841 年 4 月以论文《关于煤焦油中有机碱的化学研究》获得了博士学位。霍夫曼实验技术精湛、博学多才、思维敏捷，给李比希留下了深刻印象。1843 年，他被李比希聘为助理。

1845 年，霍夫曼开始研究苯胺。他发现了用苯制取苯胺的方法，即先用硝酸处理苯。在处理过程中，苯被硝酸硝化，形成硝基苯，再用氢还原硝基苯，得到苯胺。当时所用的苯主要从二苯乙醇酮树脂中获得，来源极少。霍夫曼试着从煤焦油低沸点部分制取，终于制取成功。这个方法的应用为煤焦油的综合利用开辟了道路。

霍夫曼研究了大量的有机化合物，制成了氯苯胺、二氯苯胺、三氯苯胺。他发现苯胺的碱性随着氯原子的增加而逐渐减弱，三氯苯胺几乎呈中性。他用实验证明了在有机化合物中，正电性的氢可以被负电性的氯取代。这一研究成果调和了化学家杜马和贝采里乌斯的观点。为此，巴黎药学会授予他 200 法郎的奖金和一枚金质奖章。

1845 年，霍夫曼被波恩大学聘为讲师，主讲农艺化学。在波恩工作不到一年，霍夫曼就被英国皇家化学学院（今帝国理工学院前身）聘为教授。他在这一职位上一干就是 20 年。

在英国工作期间，他努力促进英国化学教育的发展，培养了一大批教授和专家。第一个合成苯胺染料的英国化学家帕金（W. H. Perkin，1838—1907）、分析化学家克鲁克斯、分离出甲苯的曼斯菲尔德、火药专家阿贝尔（Frederick Augustus Abel，1827—1902）等都是他的高徒。

霍夫曼在英国皇家化学学院有良好的实验条件，他的研究兴趣也很广泛。他早期研究苯胺及其化合物，发现苯胺、甲苯胺与氨有许多相似之处。1850 年，他把这一类有机化合物统称为“氨型有机物”。

当时的化学界，人们习惯把复杂的有机物与简单的无机物相类比，从而把有机物分为多种类型，化学史上把这种分类法叫作类型论，如把有机物分为氨型、水型、氢型等。虽然这种分类方法不够科学，但是可以把纷繁复杂的有机化合物理出头绪来。

在当时的欧洲，工业化进程如火如荼。随着冶金和煤气工业的发展，黑、黏、臭的煤焦油对环境污染日益严重，这已经引起人们的焦虑和不安，也成为社会发展必须要解决的紧迫问题。在霍夫曼看来，煤焦油中肯定含有价值不菲的物质，迟早有一天它们会成为非常重要的化工原料。正是出于应用方面的考虑，他把煤焦油的研究列为重点课题。

他带领课题组人员先后从煤焦油中分离出苯、萘、蒽、甲苯、苯酚、苯胺等一系列芳香族化合物，并研究了它们的应用。

霍夫曼发现，治疗疟疾的喹宁里面包含苯和苯胺。于是，他与帕金合作，试图用氧化苯胺衍生物的办法制取喹宁。结果，没有制成喹宁，却合成了一种新染料——苯胺紫，这种染料呈现出美丽的紫色。这真是有心栽花花不发，无心插柳柳成荫。

看到了紫色染料的巨大商机，帕金索性辞去了学院的工作，创建了专门生产苯胺紫的染料工厂。

1858 年，霍夫曼用四氯化碳处理粗苯胺，成功地制取了一种叫作碱性品红的红色染料。1860 年，他合成了苯胺蓝。此后，他又用乙基碘合成了三乙基碱性品红，用甲基碘合成了三甲基碱性品红。当时，人们把霍夫曼合成的紫色染料叫作“霍夫曼紫”。他还研究出了苯胺绿等其他染料。

除了苯胺染料外，霍夫曼还对碱性藏红和吲哚进行过认真研究，制成了具有美丽蓝色和黄色的喹啉染料。经过几年努力，霍夫曼和他的同事合成了多种美丽的染料。1860 年，在伦敦国际博览会上，这些彩色的染料广受赞誉，霍夫曼也获得了极高荣誉。

他于 1863 年发现了二苯肼，1864 年发现了二苯胺，1866 年发现了异腈，1867 发现了甲醛。他研究了芥子油和芥子素，发现了苯基芥子油。他用氢氧化钠、卤素与羧酸酰胺作用来制取胺的方法被称为“霍夫曼反应”。

2. 能力超群

霍夫曼不仅是科学家，也是很有名望的社会活动家。工业界人士非常尊重他，政府官员对他的建议和忠告也很重视。霍夫曼多次被聘为国际博览会的审查员。

由于他工作认真负责，1867 年，巴黎国际博览会特别授予他 10 万法郎的奖金，这几乎跟化学无关，可见霍夫曼能力超群。从 1867 年起，霍夫曼连续多年被选为伦敦化学会的外籍会员。

在英国度过了 20 个春秋后，霍夫曼回到德国。柏林大学化学教授米希尔里希逝世后，霍夫曼接替了他的职位。他改建了柏林大学的化学实验室，培养了一大批化学专门人才。

1868 年，在霍夫曼的倡导下，德国化学学会成立，并且他被推举为第一任会长。在任会长期间，他成功组织了多次会议和学术活动。他创办和主编了化学学会的刊物《化学年报》，这个刊物很快成了欧洲最有影响力的化学期刊。在这份刊物上，霍夫曼领导的研究室共发表了 889 篇论文，其中 150 篇是他亲自撰写的。

霍夫曼一生著述颇丰，除了 250 篇论文外，还在 1877 年出版了《现代化学概论》。这本书多次再版和重印，并被译成了多种外国文字。

霍夫曼对化学史有深入研究，曾著有《柏林的炼金家和化学家》《霍亨索伦家族保护下的一百年间的化学研究》。此外，他为许多著名科学家写过传记。这些传记被汇集成三卷《忆亡友》，于 1899 年出版，不过，那时候霍夫曼已与世长辞了。

霍夫曼重视学术交流，特别是国际学术交流。除了创办刊物外，他还经常组织学术会议，邀请外国学者参加，聘请外国著名专家担任德国化学会会员，从而使德国化学会成为欧洲化学活动的中心。

他在化学化工方面的杰出贡献和广泛影响力，使德国在 1870 年以后约半个世纪的时间走在世界的前列。

1892 年 5 月 5 日，霍夫曼上午做了重要的学术报告，下午在学院审查了两名学生的学术论文，晚上在家里招待了几位来访的客人。临睡前，他突然感到不适。当医生赶来时，他已经呼吸急促、面色苍白了。

临终前，他还抓紧时间向助手述说了应该撰写的一篇论文。交代完毕，他略有放松。当晚 11 点多，霍夫曼停止了呼吸。临终前还在工作，霍夫曼就是这样一位令人尊敬的科学家。他的逝世是科学界的巨大悲哀。德国化学会为了纪念霍夫曼，把他们的会址命名为“霍夫曼之家”。

三、有机合成的先驱——维勒的故事

1800 年 7 月 31 日，维勒出生在德国梅因河畔法兰克福附近的埃希海姆村。他的父亲曾在马尔堡大学学习兽医和农业，1806 年在法兰克福附近经营自己的庄园，1812 年迁入法兰克福，担任宫廷职务。他的母亲是一位中学校长的女儿，有知识，有涵养。这样的父母自然懂得良好的教育对维勒成长的重要性。

1. 为人生奠基

七八岁时，维勒开始接受启蒙教育。父亲教他读写、绘画，还要求他学习拉丁文、法文和音乐。不久，他进入普通小学学习，1814 年进入法兰克福中学学习。

父亲是农学专家，维勒对大自然的热爱源于父亲的影响。当时，从事理化研究的布赫医生指导这位热心化学实验和采集矿物标本的中学生，追随前人的工作进行科学探索。

1819 年，维勒进入马尔堡大学学医。次年，他转入海德堡大学，在格曼林（Leopold Gmelin，1788—1853）教授的指导下学习。1823 年

9月，他获得医学博士学位，专业是外科学及产科学。格曼林教授发现维勒的化学实验技能很强，建议他去瑞典化学家贝采里乌斯那里进修，专攻化学。

1823年11月，维勒担任贝采里乌斯的助手，很快接触到近代化学的前沿。他按照贝采里乌斯的方法从事沸石、黑柱石的分析，制备当时还较少见的硒、锂、氧化铈和钨等，研究氰酸及氰的反应。

除实验工作外，维勒还常随贝采里乌斯漫游瑞典和挪威，做野外地质考察，参观著名的矿山胜迹，考察典型的地质现象，采集岩矿标本。

1824年9月17日，维勒辞别贝采里乌斯，在丹麦做短期访问后，于1824年10月回到法兰克福。在瑞典的学习，不但使维勒与贝采里乌斯建立了终生友谊，也确定了维勒一生的学术方向。

1825年3月，维勒应聘到柏林工业学校，讲授化学与矿物学。1828年，他晋升为教授。1830年6月，他结婚了。1831年，柏林流行霍乱，维勒全家到卡塞尔躲避疫情。同年9月，受新建的卡赛尔工业技术学校的邀请，他离开柏林。

2. 合成尿素

在化学史上，维勒的名字总是与尿素的合成联系在一起。1821～1823年，维勒研究氰及其相关反应，研究氰酸及其盐类的制备和性质，那时候他还是一名学生。在研究氰与硫化钾、硫化氢或氨的反应时，他注意到后者的生成物中除草酸铵外，还有一种白色晶体，这种白色晶体并不显示盐的性质。

1824年，维勒首次合成了尿素。尿素是真正的有机化合物，而维勒所用的原料都是无机物。那一年夏天，维勒在研究氰作用于氨水时发现，反应形成了草酸和一种肯定不是氰酸铵的白色结晶。

此后的四年，维勒做了一系列实验，证明这种白色结晶就是尿素。他用不同的无机物，通过不同途径，合成了同一种物质——尿素。维勒身上集中了很多优点，如不急功近利、不赶时髦、不故弄玄虚。另外他还脚踏实地，耐得住寂寞。

1828年，维勒发表了研究论文《论尿素的人工合成》。在这篇意义深远的论文中，维勒叙述了人工合成尿素的方法，其中最关键的文字如下："上述白色结晶物，最好是用氯化铵溶液分解氰酸银或以氨水分解氰酸铅的方法来获得。"

今天，我们很容易写出有关反应的化学方程式。

氯化铵与氰酸银合成尿素的反应是

$$NH_4Cl + AgCNO = AgCl\downarrow + NH_4CNO$$

$$NH_4CNO = CO(NH_2)_2$$

氰酸铅与氨水的反应是

$$2NH_3 \cdot H_2O + Pb(CNO)_2 = Pb(OH)_2 + 2NH_4CNO$$

$$NH_4CNO = CO(NH_2)_2$$

与此同时，李比希在法国研究雷酸盐。他发现维勒对氰酸银（AgCNO）组分定量分析的结果与他的雷酸银（AgONC）分析数据一模一样，但两者性质全然不同。这是不可思议的事情，因为当时人们不知道同分异构现象。李比希怀疑维勒分析的可靠性。

1824年冬天，在法兰克福举行的科学家集会上，他们有幸见面，讨论了各自工作，交换了研究方法，分享了成功经验。从此，两人成为终生忠诚相处、在共同的研究工作中有争辩而又无怨无妒的好朋友。

针对李比希的怀疑，维勒再次研究了氰酸的组成。研究证明，不论是在氰与氨的反应中，还是在氰酸与氨的反应中，或是在氰酸银与氯化铵或氰酸铅与氨水的反应中，所生成的那种中性白色晶体物质与得自动物尿液中的尿素性质相同。在实验室里，氰酸铵变成了尿素。

3. 重要意义

这一反应的重要意义在于，尿素是有机化合物。而在此之前，生命力论认为，化学家在实验室只能将有机物转化为新的有机物，而不能用无机物制造出有机物。

因为动植物体内存在着一种生命力，只有依靠这种生命力，才能产生出有机化合物，即有机物最初只能在动植物体内产生。自然界的矿物等无机物是没有生命的，而有机物不同，它们是有生命的。

有机合成是实验室创造生命物质的开始。化学家们在实验室所做的那些默默无闻的工作，使微观世界和宏观世界之间架起了一座桥梁。他们没有诗意的表述，却启发了人类最浪漫的想象。

在生命力论者看来，这两类物质之间有不可逾越的鸿沟。维勒的两位老师格曼林和贝采里乌斯就是生命力论的维护者和宣扬者。现在，维勒用无机物合成了有机物尿素，在这条鸿沟间架起了一座桥梁。维勒的创新思想来自实验。他的研究结果动摇了生命力论的根基。他也不想贸然得罪那么多人，有些还是重量级人物，因此他认真谨慎地研究了将近四年。

1828年2月22日，维勒给他的老师贝采里乌斯写信，信中说："我告诉您，我已经能够制造出尿素，而且是不求助于动物（无论是人或是狗）的肾。也许您还记得我和您在一起工作时完成的那些实验。当我尝试将氰酸与氨发生反应时，产生了一种白色结晶状物质，它不像氰酸铵，不具有氰酸铵的性质。当这种晶体用酸处理时，不会产生氢氰酸，与碱作用时也未发现氨的痕迹。"

在1828年发表的《论尿素的人工合成》的论文里，维勒明确指出，"这是一项以人力从无机物制造有机物的范例"。维勒和他的这篇文章受到当时科学界的普遍关注，批评和赞誉之声不绝于耳。

4. 故事之外

还有一个小故事与维勒有关。

1830年，瑞典化学家塞夫斯特伦（N.G. Sefstrom，1787—1845）在研究斯马兰矿区的铁矿时，用酸溶解铁，在残渣中发现了钒。钒的化合物五颜六色，十分漂亮，所以他用古希腊神话中一位叫凡娜迪丝（Vanadis）的美丽女神的名字给这种新元素命名，叫作Vanadium，中文按其音译定名为"钒"。

塞夫斯特伦、维勒、贝采里乌斯等人都曾研究过钒，确认了钒的存在，但是他们最终没有分离出单质钒。在塞夫斯特伦发现钒30多年后，英国化学家罗斯科（H. E. Roscoe，1833—1915）用氢气还原二氧化钒，才第一次制得了纯净的金属钒。

塞夫斯特伦是维勒的同学。1828 年，维勒因病未能将褐铅矿的分析进行到底，以致与“钒”的发现失之交臂。1831 年，维勒写信给贝采里乌斯，倾诉了他的苦闷。他对同学塞夫斯特伦先发现钒耿耿于怀。其实他早在 1828 年就将获得的钒样品寄给了老师。贝采里乌斯给维勒回信说：“你合成了尿素，比发现 10 种新元素还要高超得多。”

尿素的合成突破了有机物和无机物之间不可逾越的界限。这在当时虽然没有获得广泛认可，但已经打开了良好的局面。到柯尔柏（H. Kolbe，1818—1884）合成了醋酸（1844 年），贝特罗（P. E. M. Berthelot，1827—1907）合成了油脂（1854 年），布特列洛夫（Aleksandr Mikhailovich Butlerov，1828—1886）用多聚甲醛和石灰水作用合成了属于糖类的物质（1861 年）时，生命力论才黯然失色，成为历史的陈迹。因为油脂类和糖类是在生命过程中起重要作用的物质。

此后，人工合成了大量有机物。有机合成化学的发展使我们知道，有机物与无机物之间并非不可逾越，但它们在组成和性质方面确实存在着不同。从组成上讲，所有的有机物都含有碳，多数含氢，还含有氧、氮、卤素、硫、磷等。

四、生命力论的掘墓人——贝特罗

1. 少年天才

贝特罗是法国著名的有机化学家。他自幼聪明，中学时写了一些雅致的文章，文章充满哲理和思辨的色彩，其中一篇文章还获了奖。少年贝特罗已经熟练地掌握了几门外语，能说流利的英语和德语，对拉丁语和希腊语也运用自如，母语就更不用说了。在这方面，门捷列夫无法和他比。可以说，贝特罗在少年时期就才华出众，天资尽展。

贝特罗笃信科学、反对迷信，是无神论者。他常说的一句话就是："真理存在于科学之中。"

1848年，金秋时节刚刚来临，贝特罗如愿考上了大学。他遵从父母意愿，选择了学习医学。进入大学后，他就发现自己对各门学科都感兴趣，强烈的求知欲使他对未来的专业拿捏不定。

因此，在学医之余，他常常挤时间旁听历史、文学、考古学、语言等课程。他的兴趣非常广泛，表面看起来没有明确的目标。其实，在广泛的涉猎中，他开阔了视野、活跃了思维、提高了自己的科学素养。说得形象一些，犹如建筑师在建一座摩天大楼之前，着力加固了最初的地基。

除了上课外，贝特罗不是长时间待在图书馆里博览群书，就是在实验室里完成各种实验。他常常工作、学习到深夜。

贝特罗一度对物理学偏爱有加。他只用了一年时间，就获得了物理学硕士学位，可见其勤奋刻苦到了何种程度。

2. 热爱化学

化学是医科学生的必修课程，直到今天依然如此。学好化学对贝特罗来说，既是任务，又是爱好。

从一件事情上可以看出贝特罗对化学的热爱。当时的大学进行化学实验的条件比较差。有一段时间，他每月交100法郎，在一间私人化学实验室里做化学实验。没过多长时间，他就掌握了多种实验技术。

开始时，他对与气体液化有关的现象很感兴趣，研究过二氧化碳、氨及其他气体液化的条件。1850年，贝特罗发表了研究论文。这些研究主要与物理性质有关，也涉及一些化学问题。

贝特罗非常勤奋，从他一生完成的论文及著作就能看出。在60年的科学研究生涯中，他共完成2773篇（部）科学论文及著作，除去节假日，几乎每周 1 篇。

他的论文及著作不仅数量多，内容还广泛至极，几乎涉及所有学科。生物学、农学、历史学、考古学、语言学、哲学及教育学等，都是他研究的对象。当然，他研究最多的还是化学。

3. 站得高必然看得远

贝特罗的第一部化学著作与有机合成有关。他从事有机合成多年，这本书就是研究的成果。

我们知道，19 世纪上半叶，有一大批化学家在研究有机化学。不过，他们的研究大多局限于天然有机化合物，即运用化学手段分离出纯净的有机物是他们的目的。

19 世纪时，生命力论还统治着化学领域，在有机化学领域更是如此。当时的化学家很少有人直接从无机物合成有机物。因为他们普遍认为，有机物是仅存于有机体内的复杂物质，只能从生命体内分离，直接合成是不可想象的。

今天，几乎每一个人都知道尿素。因为尿素是关乎农作物正常生长的肥料，是典型的有机化合物。1828 年，当德国化学家维勒首次宣布人工合成了尿素后，贝特罗首先预感到了维勒研究成果的重大意义，而多数化学家还在生命力论前徘徊不定。有些人说，尿素不是真正的有机物，有些人对维勒的合成过程表示怀疑。贝特罗认为，维勒在实验室里合成的尿素就是有机物。他深信，在一定条件下，利用实验室里的瓶瓶罐罐就能实现无机物到有机物的转变。他的自信心源于站得高。人们常说，站得高才能看得远，这是浅显的道理。贝特罗的优势正在于此。

4. 创造有机合成的神话

贝特罗一生研究了大量物质，而且主要是有机物。他越研究兴致越高，越研究信心越足，越研究成就越大，但他不满足于已取得的成果。从研究的内容和结构，我们就能体会到他在有机化学发展方面的贡献有多大了。

1854年，他在研究甘油的性质时发现，甘油的羟基易被氯、溴、碘取代。他利用这一性质合成了丙烷的一系列衍生物，又利用乙烯同硫酸反应合成了乙醇。

那一年，他还成功地合成了油脂类物质。研究论文一经发表，就轰动了学术界。不少报纸以“在试管中合成了脂肪”“自然界被征服了”“人能按照自己的愿望生产迄今是细胞组织的物质”等作为标题，全方位报道了这位青年化学家的成果。

法国科学院对这项成就给予了高度评价，政府授予了贝特罗2000法郎的奖金。也是在那一年，贝特罗取得了博士学位。

1855年，他通过一氧化碳与热碱反应合成了甲酸（俗称蚁酸）。实验很简单，他的设计却很有创意。对此有兴趣的朋友可以去看一看化学史或化学专门史之类的书籍。

他把装满一氧化碳和适量氢氧化钾的管子密闭，然后放在火上加热了一天。在灼烧的时候，容器里吱吱嘎嘎地响个不停。贝特罗很焦急，希望反应能按照他的设想进行。

到了晚上，他将管子冷却，把变弯曲的一端浸在水中，水一下子涌入管中，约占管中容积的一半。这说明，一氧化碳确实参与了反应。产物是蚁酸钾。对其用硫酸处理后，蚁酸就游离出来了。这个实验过程就是用无机物制造有机物的过程。

1856年，他用甲烷制得了甲醇。不久，他用松节油制取了樟脑，再由樟脑制成了冰片。

19世纪60年代，他先合成了乙炔，再由乙炔合成了苯。1868年，他通过乙炔和氮反应合成了氢氰酸。

贝特罗在有机合成领域的每一项成就都是奇迹，每一项成果都是原创。让人们感到吃惊的是，他如何能取得如此丰硕的科研成果。贝特罗的一系列合成反应，使曾经流行在有机化学领域的生命力论没有了市场。

贝特罗用乙炔加氢合成了乙烯，由乙烯再加氢而合成了乙烷。他在研究有机合成的同时，着手对合成产物进行了分析。由于所得产品的量很少，只有耐心反复实验才能取得足够的分析样品。

他设计并实施了一个又一个新的合成方法，这些方法推动了有机合成化学的迅速发展。由于在有机合成方面的卓越成就，1860 年和 1867 年，贝特罗先后两次获得“雅克”奖。那时没有诺贝尔奖,“雅克”奖是最高奖项。

之后，贝特罗又将目标瞄准热化学问题。为此，他测定了燃烧热、中和热、溶解热及异构化热，试图从中找出规律性。化学反应中，“放热和吸热”的概念就是贝特罗首先引入的。

5. 誉满全球

普法战争爆发后，巴黎四面楚歌，法国政府紧急动员，号召所有科学家都来参加巴黎保卫战。1870 年 9 月底，政府要求贝特罗在最短时间内制造出火药。结果他只用了几天时间，就向当局交出了制造火药的工艺流程。按照他的流程，工厂很快制造出了一批火药。从那之后，他一直关心炸药研究及与爆炸现象有关的过程。

1881 年，贝特罗发明了弹式量热计，并测定了一系列有机化合物的燃烧热。他首创的弹式量热计沿用至今。

贝特罗精力充沛、能力惊人。除了从事繁忙的科学研究外，他还积极参与社会活动，是著名的社会活动家。作为参议员，他经常参与国务活动。他是最高美术委员会委员（这一职位与化学一点儿关系都没有）、火药及硝石咨询委员会委员。他还担任过法国科学院秘书长。

1886 年，贝特罗开始在政府担任公职，被任命为国民教育和艺术部部长。十年之后，他出任外交部部长（与化学没有任何关系）。作为一位科学家，他已经非常出色了，还担任了如此重要的职务，真是奇才。盛名之下，国内外许多科学院和研究所都选他为名誉成员。20 世纪初，世界上著名的大学或科学院的名誉成员中，无一例外都有他的名字。

即使年过古稀，贝特罗对科学事业的热爱仍然不减。他渴求创造性的工作，渴望攀登科学高峰，为此他撰写了大量的文章和专著，直到生命的最后一刻。1907 年 3 月 18 日，这位伟大的法国科学家和社会活动家不幸去世。举国上下深感痛惜，他们失去了一颗科学巨星。法国政府为他举行了隆重的非宗教式葬礼，因为他不信上帝。

五、使化学走向生命纵深领域——费歇尔

艾米尔·费歇尔（Emil Fischer，1852—1919）因为发现了苯肼以及对糖类、嘌呤类有机化合物的研究所取得的突出成就，荣获了 1902 年的诺贝尔化学奖。在化学发展史上，费歇尔是第二个获此殊荣的化学家，可见科学界对他的推崇。

对于大多数诺贝尔奖获得者来说，获奖成果是他们一生中最主要的贡献。但对费歇尔来说，他在科学研究方面所取得的突出成就却是在获得诺贝尔奖之后完成的。这也是费歇尔令人敬仰的重要原因。

费歇尔对化学发展的贡献，归纳起来主要有以下四个方面：①对糖类的研究；②对嘌呤类化合物的研究；③对蛋白质的研究，特别是对氨基酸和多肽的研究；④在化工生产和化学教育方面的贡献。

从上面罗列的突出贡献来看，费歇尔的研究领域主要集中在对有机化学中与人类生活、生命现象有密切关系的有机物质的探索。可以说，他是生物化学的重要创始人。在 19 世纪下半叶和 20 世纪初，费歇尔是有机化学领域最知名的学者。

1. 求学经历

1852 年 10 月 9 日，费歇尔出生在德国科隆市附近的奥伊尔斯金亨镇。他的两个哥哥早亡，有五个姐姐，费歇尔既是家里最小的孩子，又是唯一的男孩，所以备受宠爱。

父亲劳伦斯·费歇尔是富有的商人，除经营葡萄酒厂外，还是啤酒厂、毛纺厂、钢管厂、玻璃厂及矿山企业的董事。他的工作相当繁忙。少年时期，他父亲把毛纺厂经营得有声有色。作为商人，他的目的是做大做强，追逐超额的利润。

有一年，他的父亲建立了一个小染坊，把买来的染料反复调和，希望能染出色泽华丽的纺织品，给消费者以强烈的视觉震撼。由于缺乏化学知识，实验结果总是不如意。他的父亲做实验远不像做营销那样做得风生水起。因此，他的父亲常常在家里唠叨："要是家里有化学家，这些困难就容易解决了。"后来，相继建立的钢铁厂、水泥厂也迫切需要化学人才。他父亲在焦急之余，对化学家产生了无限崇拜。费歇尔就在父亲期盼的眼神下一天天长大了。父亲的所急、所想和深切期盼给费歇尔留下了深刻印象，他决定将来要成为一名化学家。

1869 年，费歇尔中学毕业，并取得了第一名的好成绩。他没有忘记父亲期盼的眼神，决定去大学学习化学。当他报考大学时，父亲却担心家族企业的继承问题了。费歇尔是家里唯一的儿子。

父亲改变了主意，希望少年费歇尔在公司里磨炼一段时间。谁知此时的费歇尔已经痴迷于化学了，他在工厂里建了简易的化学实验室。白天就把自己关在实验室里做化学实验，对公司经营和产品销售，他根本不感兴趣。

父亲很无奈，只好让他学化学。费歇尔考进了波恩大学化学系，实现了自己的愿望，其实也是他父母和家人最初的愿望。当时，凯库勒就在波恩大学化学系任教。凯库勒是著名的化学教授，讲课水平很高，很有启发性。

19 世纪，大学的化学实验室非常简陋，波恩大学也不例外。波恩大学的化学实验室甚至连准确称量都不能做到。

费歇尔认为，不做化学实验很难学好化学，只有掌握了高超的实验技术，才能成为有作为的化学家。他的这一观点始终没有改变，这使他一生的学习和研究受益无穷。正是基于此，他致力于发现和阐明实验事实，依靠坚韧不拔的毅力，通过精确的实验探索未知世界。

费歇尔很快迷上了有机化学，当时这是新的研究领域。为此，他选择从波恩大学转到斯特拉斯堡大学，因为那里有著名的有机化学家拜尔。凯库勒也是著名的有机化学家，但凯库勒喜欢沉于冥思、耽于梦想。费歇尔只能忍痛割爱，离开了学习了一年的波恩大学。

当时正值德国以染料为中心的有机合成工业蓬勃发展的时候，拜尔也不例外，他的研究对象主要是曙红、靛蓝等有机染料。在拜尔的指导下，费歇尔所做的许多实验都与染料有关，他的毕业论文就是关于酚染料的研究。

在斯特拉斯堡大学，费歇尔掌握了最基础的化学知识，同时获得了化学实验技能的严格训练。

2. 学术人生

1874 年，费歇尔以优异的成绩从大学毕业，随后留校做拜尔的助手。一年之后，拜尔前往慕尼黑大学接替去世的化学家李比希留下的教授职位。留恋自己老师的费歇尔也跟着来到慕尼黑大学，开始他的碱性品红的研究。在世界上，这样的师生关系虽不敢说绝无仅有，但也是极其罕见的。

1878 年，费歇尔被任命为化学讲师。第二年，他就被提升为副教授，当时他还未满 27 岁。1882 年，费歇尔接受了艾尔兰根大学的聘书，出任艾尔兰根大学的化学教授。两年后，他到了维尔茨堡大学，因为那里为他创造了更好的实验条件。当时，德国大学之间的人才可以自由流动。在这所大学里，费歇尔在完成教学任务后，可以专心致志地从事他所喜爱的化学研究。

费歇尔不为利益所诱惑，坚守着科学研究自由的信念。1883 年，巴登苯胺和纯碱制造公司以超过任何大学教授收入的 10 万马克高薪，聘请他为公司的研究室主任。这家公司是德国最著名的化工企业，能在这家公司工作是很多人的梦想，因为能获得精神和物质上的双丰收。

尽管费歇尔对染料工业很感兴趣，他还是果断地拒绝了。因为他喜欢不受拘束地进行科学研究。

在维尔茨堡大学的十年是费歇尔取得丰硕研究成果的十年。他在糖类和嘌呤类化合物的研究方面，取得了突破性的进展。

1892年，柏林大学的化学教授霍夫曼去世。谁来接替霍夫曼留下的职位是德国化学界普遍关注的大事。因为柏林大学是当时德国的顶尖大学，因而化学教授一职必须由德国化学界最有威望的教授出任。第一位候选人是凯库勒，第二位候选人是拜尔，但他们两位年事已高，不愿意去挑战新的岗位。于是，费歇尔就成了大家公认的合适人选。费歇尔也不想去，因为他对维尔茨堡大学的工作环境很满意。柏林大学执意相邀，教育部门鼎力相助，他的父亲和妻子也热情鼓励。考虑到柏林大学拥有更完善的科研条件、更可观的研究经费、更广泛的生源和更深厚的文化氛围，费歇尔接受了聘任。

费歇尔在40岁时已经成了德国化学界的最高权威。在柏林大学，他开始了蛋白质、氨基酸和多肽的研究，而且取得了卓越成就。作为柏林大学的化学教授，他相当繁忙。学校里不仅有繁忙的教学任务，还有高远的研究规划。他还是军事医学院的化学教授，从本科生的授课，到医师、药剂师、教师的资格审定，甚至医疗事件的裁定，都是他的职责。

从那时开始，他就被选为德国化学会的会长，而且连任几届。作为会长，他必须经常参加普鲁士科学院的有关组织和活动。这些繁忙的工作和事务花费了他很多精力，他只能发扬“钉子”精神，挤时间进行研究工作。他有意识地躲避各种社交活动，和他的研究团队穿梭在氨基酸和蛋白质的“丛林”中。

1919年7月15日，费歇尔病逝，终年67岁。长期的劳累透支了他的健康，拖垮了他的身体。他未老先衰，身患多种疾病。在生命的最后一刻，他还在为科学奔忙。在遗嘱中，他吩咐从遗产中拿出75万马克献给科学院，作为基金提供给年轻化学家，鼓励他们研究化学。费歇尔的这一举动体现了他对化学的执着，载入了科学的史册。

3. 从研究染料开始

费歇尔最初的研究领域是染料，他对染料的研究从品红开始。

早在 1858 年，霍夫曼曾用四氯化碳处理粗苯胺，得到一种红色染料，把它叫作碱性品红。它可以直接对毛、丝及棉纺织品等染色。碱性品红还是鉴别醛和酮的较好试剂。但是霍夫曼没有告诉我们碱性品红到底是什么。

今天我们已经知道，碱性品红是苯胺染料的一种。后来，费歇尔仔细研究了品红的性质，为合成这一染料奠定了实验基础。

在研究各种染料的过程中，费歇尔发现了化合物苯肼，它是联氨（NH_2NH_2）中的氢原子被苯基取代而生成的化合物（$C_6H_5—NHNH_2$）。费歇尔还发现，鉴定醛和酮时，苯肼是比碱性品红更好的试剂。这是他以后研究的一种重要手段。

4. 研究碳水化合物

费歇尔在染料研究方面成绩不俗。当他父亲期盼合成出更多的染料时，他却把目光转向了碳水化合物。他认为，碳水化合物与人类生活的关系更加密切。这些物质既与我们的生命有关，又与我们的生活有关。

在费歇尔的时代，科学家知道的单糖有葡萄糖、果糖、半乳糖和山梨糖四种，分子式都为 $C_6H_{12}O_6$；知道的双糖有蔗糖和乳糖两种，分子式是 $C_{12}H_{22}O_{11}$；知道淀粉、纤维素水解的最终产物也是糖类。

相当多的糖类有这样的特点，就是在不纯时不容易得到结晶，这严重妨碍了对糖类的鉴别和深入研究。费歇尔发现，苯肼与糖反应产生脎，不同的糖与苯肼反应产生不同结晶状态和熔点的脎。据此，人们可以进行各种糖的简单鉴别。

在费歇尔之前，德国化学家吉里安尼（Heinrich Kiliani，1855—1945）发现，葡萄糖与氢氰酸（HCN）发生加成反应，产物经水解和还原后得到了正庚酸。吉里安尼据此推测，葡萄糖是一种直链的五羟基醛，果糖是一种直链的五羟基酮。

从1884年起，费歇尔用了将近十年时间，系统地研究了各种糖类。他发现并总结了将糖类还原为多元醇、将醛糖氧化为羧酸的方法。研究经验的积累为糖类的合成奠定了良好的基础，他先后合成了50多种糖分子。合成这样的复杂分子，对他来说已经不是难事。

在此基础上，费歇尔研究并确定了许多糖类的构型。在己醛糖的16种旋光异构体中，有12种是他鉴定的。在努力下，费歇尔基本弄清楚了单糖类物质的结构与功能、性质与作用之间的关系。

正是由于拥有丰富的糖类知识，费歇尔才提出了有关糖类发酵的机理。他认为，糖类物质之所以能发生分解，是因为有酶存在。不同糖的分解需要不同的酶，这种作用之所以能够发生，很可能是因为相应的糖和酶的分子结构存在某些共同之处。它们的关系就像锁与钥匙的关系那样，具有很好的匹配性，匹配性是选择性的前提。它们的选择性如此高，以致达到了专一。这是一个著名假说。

费歇尔投入了很大精力对双糖类物质进行研究，并且取得了很大成绩。对多糖类化合物，如淀粉、纤维素等，他没有进行深入研究。在研究糖类物质时常常要使用苯肼，这使费歇尔慢性中毒，后来不得不停止接触这一试剂。

5. 关注嘌呤类化合物

嘌呤类化合物也是费歇尔的主要研究对象。他在这一领域所花的时间超过了对糖类的研究时间。嘌呤类化合物包括可可碱、茶碱、咖啡碱（咖啡因）等有生理活性的物质。它们分别是可可、茶、咖啡中产生兴奋作用的成分，费歇尔对它们很感兴趣，决定研究它们。

费歇尔的研究从尿酸入手，尿酸是人们最早认识的一种嘌呤类化合物。通过深入研究，他揭开了嘌呤类化合物的神秘面纱，并确定了可可碱、茶碱、咖啡碱（咖啡因）的组成和结构。在此基础上，他还合成了上述物质的母体化合物——嘌呤及其许多衍生物。

他制备的一些嘌呤衍生物在当时尚未被人们认识，有些天然存在于植物体内。他制备的二乙基巴比妥酸是一种安眠药。他探索了嘌呤类化合物与糖类及磷酸的结合。他告诉人们，这几种物质之间的结合能够得到核酸，而核酸是构成细胞的主要成分。从费歇尔开始，生物化学的大厦就完成了奠基典礼。

6. 对氨基酸、多肽和蛋白质的研究

从 1899 年开始，费歇尔转向对氨基酸、多肽及蛋白质的研究。这是一个更难的课题。有畏难思想和情绪的人是不适合做科学研究的，但费歇尔恰恰相反，挑战极限是他的本性和信念。总有一些人天生愿意超越自己、挑战未来，世界因为他们的存在而日新月异。

蛋白质与人类的生活、生命关系极其密切。今天，学习化学和生命科学的人都知道，蛋白质的结构相当复杂，一个分子往往包含几千个原子，是一种名副其实的高分子。在 20 世纪初，费歇尔研究的绝对是艰深的课题。面对这一难题，费歇尔却信心满满，他热情洋溢地激励大家："关于有机合成研究，我们的先辈留下了很多宝贵的方法和经验，在短短的 63 年内就弄清楚了尿素、脂肪、多种酸类、盐基和染料等，进而征服了尿酸和糖类。因此，我可以断言，面对任何活着的有机体产物，我们都不必胆怯。"这种信心源自费歇尔的科学判断，今天看来非常正确。

为了研究蛋白质的结构和性质，费歇尔决定从氨基酸开始。这是一个非常正确的决策，因为氨基酸是蛋白质的结构基元。

为了辨别所有的氨基酸，费歇尔改进了许多分析方法，将各种氨基酸分离出来并进行鉴别。由于他的辛勤劳动，人们认识了 19 种氨基酸。当然，很多研究工作是他的研究团队完成的，而非一人之功。不过，费歇尔是他们的核心人物。

大家都知道，自然界中有几十万种蛋白质，而它们都是由 20 种氨基酸以不同数量比例和不同排列方式结合而成的，还存在着一维、二维和三维空间结构。

在探索蛋白质的组成、结构及合成方法时，费歇尔发现，以氨基

酸为原料，合成的产物并不是蛋白质，而是一类含有多个酰胺键的链状化合物，链的长度取决于酰胺键的多少。我们知道，这种反应就是缩合反应。在生命体内，这样的反应可以在温和的条件下进行，这就是自然界神奇的地方，人类往往做不到这一点。

费歇尔把这种键叫作肽键，把这种化合物命名为多肽。反过来，如果将蛋白质水解，首先得到的也是多肽化合物，最终的产物才是氨基酸。费歇尔的科学观点就是在探索之路上产生的。

20 世纪初合成的多肽也具有复杂的结构。像这样两个分子间通过脱去一个小分子（如水分子）而形成更大分子的反应就叫缩合反应，是生命体内最常发生的化学反应。

费歇尔合成的多肽在组成和结构上离蛋白质越来越近了，而蛋白质已经具有了生命的特征。1902 年，费歇尔提出了蛋白质的多肽结构学说。他指出，蛋白质分子是许多氨基酸以肽键（酰胺键）结合而形成的长链状高分子化合物。两个氨基酸分子结合形成二肽，三个氨基酸分子结合形成三肽，多个氨基酸分子结合形成多肽。这是一种重要的学说。直到今天，在我们的化学和生物化学教科书中，蛋白质的多肽结构学说仍然有不可动摇的地位。

随后的几年，他合成了 100 多种多肽化合物，这些化合物有的简单，有的复杂。所谓的复杂，不仅指链的长度，还包含其中所含氨基酸结构基元的种类。费歇尔开始只采用同一种氨基酸反应，得到的产物是同一结构基元的多次重复。后来，他采用多种氨基酸反应，得到的是更复杂的多肽。

1907 年，费歇尔成功制备了一种由 18 种氨基酸分子组成的多肽。这成为轰动当时科学界的重要新闻。一时间，多肽、蛋白质成了时髦的词汇，提起费歇尔的工作，人们津津乐道。

蛋白质的希腊文是 proteios，原意为“生命体中最重要的”。这很容易使人想起一句话：“生命是蛋白体的存在方式。”这句话是哲学家恩格斯说的。

那些生命分子偶然走到一起，就会各就各位，继而自动排列组合。

你怎么会想到，自然界中原子或分子排列得如此有序，我们把这一过程叫作超分子自组装。在这个匪夷所思的结构背后，有一种神奇的力量，这种力量是多姿多彩的世界的重要支撑。

所以，你就不难想象费歇尔研究工作的意义有多么重要了。他的研究为现代生命科学——蛋白质和核酸化学奠定了非常重要的基础。

第十三章

化学的三维空间

19 世纪，有机化学的先行者靠他们的无畏和智慧，通过对有机物分子结构的研究，建立和发展了原子间相互结合的价键理论，并使人们清晰地看到了原子在三维空间的排列情况。

一、李比希和他的有机基团理论

1. 业精于勤

1803 年 5 月 12 日，李比希出生于德国的达姆施塔特。父亲是经营药物、油脂、染料的商人，家中有许多化学药品。李比希小的时候经常自己动手做化学实验，这培养了他对化学的兴趣。后来，他索性把父亲店铺后边阁楼上的厨房改造成实验室，偷偷做雷酸盐的实验。

有一次，李比希在做雷酸汞的实验时发生了爆炸，屋顶的一角被炸毁了，爆炸的余波震动了整座楼房，幸运的是他没有受伤。后来每当回忆往事时，李比希都会深有感触地说："童年时代的化学实验，激发了我的想象和对化学的热爱。"

青年时期，李比希到波恩求学，第一位老师是卡斯特内。后来，李比希又跟随他的老师转学到埃尔朗根-纽伦堡大学，1822 年获博士学位。之后，他到法国巴黎继续求学，因为这里曾经是化学大师拉瓦锡生活和工作的地方。

经人推荐，李比希进入盖-吕萨克的私人实验室进行研究工作。1822 ～ 1824 年的两年时间里，李比希探索了各种有机化合物，系统地研究了雷酸盐，找到了防止雷酸盐爆炸的填充剂。他发现用烘焙过的苦土（MgO）与雷酸盐混合，可以非常有效地防止雷酸盐爆炸。

1823 年 6 月 23 日，李比希向科学院报告了研究成果。那天的报告大会座无虚席，大家都想了解雷酸盐的重要性。会议结束时，主持人对李比希说："您的研究具有重要意义，也有重要价值。更重要的是，这一成果使人们感到，您是一位有杰出才干的人。”

1824 年，李比希学成归来，担任了德国吉森大学的“编外”教授，“编外”大概相当于低职高聘。两年后，李比希升为正式教授，也不过二十二三岁，真的很年轻。

在盖-吕萨克的私人实验室进行研究时，李比希就感受到化学实验对科学研究的重要性，因为化学是一门以实验为基础的科学。当时的实验室很少，且多是私人实验室，只能容纳一两位学生或助手。回国后，他发现德国的化学教育比法国落后，实验教学的条件更差。为了改变这种局面，李比希加强了实验室建设和化学教学法的研究，使化学教学真正具备了实验科学的特色。

在校方和政府的支持下，经过两年努力，李比希在吉森大学建立了一个很完善的实验教学系统。他的实验室可以同时容纳 22 名学生做实验，教室可以供 120 人听讲，讲台两侧有各种实验设备和仪器，可以方便地为听讲人做演示实验。

他要求学生既要会定性分析，又要会定量分析，还要会制备各种有机化合物。后来，人们把李比希建立的实验室称为“李比希实验室”。“李比希实验室”的科研和教学风格很快影响了全世界。很多大学都效仿吉森大学，建立了公共的化学实验室。

李比希还制造和改进了许多化学仪器，如有机分析燃烧仪、李比希冷凝球、玻璃冷凝管等。这些仪器方便耐用，德国的仪器制造商纷纷大量仿制，并向国外输出仿制品。

李比希一生为化学研究和教育做出了突出贡献。“李比希实验室”为社会培养了一大批一流的化学家。俄国的齐宁，德国的霍夫曼、凯库勒、武兹（Charles-Adolphe Wurtz，1817—1884）等，都是李比希的学生。“李比希实验室”成了世界各地化学工作者心目中的圣地。

以李比希为首的吉森学派被公认为近代化学史上的一个大学派。自 1901 年诺贝尔化学奖开始颁发起，十年间，奖励的十位化学家中有七位属于吉森学派。

李比希在化学上的建树极多。他发明和改进了有机分析的方法，准确地分析过大量的有机化合物，合成过氯仿（$CHCl_3$）、三氯乙醛（CCl_3CHO）和多种有机酸，还曾与杜马等人合作提出了有机化合物基团的概念以及多元酸的理论。

李比希开创了农业化学的研究，提出植物需要氮、磷、钾等基本元素，研究了提高土壤肥力的问题，因此被人们称为“农业化学之父”。

李比希一生获得过许多荣誉。1860 年，他被选为巴伐利亚科学院院长，同时是德国、法国、英国、俄国、瑞典等国家科学院的院士或名誉院士。

2. 有机基团概念

让我们看一看他在有机化学方面所取得的研究成果吧，特别关注一下他是如何探索有机物的结构和理论的。

1831 年，李比希分析了樟脑和樟脑酸，发现这两种有机物中都含有 C_2H_3 基团。李比希确信，这种基团在化合物中具有重要作用。

1832 年，李比希和维勒共同进行苦杏仁油的研究，研究结果写成了论文《关于安息香酸基的研究》。结果表明，在苦杏仁油及其衍生物中，都含有起基本主体作用的基团 $C_{14}H_{10}O_2$，他们把它叫作“安息香酸基”。他们将苦杏仁油的分子式写为（$C_{14}H_{10}O_2$）H_2，在空气中，它被氧化的产物就是安息香酸，分子式用（$C_{14}H_{10}O_2$）H_2O_2 表示。另外两种相应的衍生物酰氯和酰胺的分子式分别用（$C_{14}H_{10}O_2$）Cl_2 和（$C_{14}H_{10}O_2$）（NH_2）$_2$ 表示。

这一系列化合物都含有安息香酸基（$C_{14}H_{10}O_2$）。尽管这些化合物在一系列的化学反应中会发生不同的变化，但安息香酸基始终不变。这些研究结果为有机化学理论框架的形成奠定了必要的基础。

李比希从具体实例上升到对基团的研究，在此基础上，尝试建立起有机化合物的分类体系。他指出，无机化学中的“基”是简单的，有机化学中的“基”则是复杂的，这是两者的不同点。但是，两者的规律是共同的。

1838 年，李比希给有机化合物中的“基”下了这样的定义：①有机化学中的“基”是一系列化合物中不变的部分；②“基”在化合物中可以被某种元素的单个原子所置换；③置换“基”的元素，可以被其他元素所取代。

李比希认为，一个原子团满足以上三个条件中的两个就可以称为“基”。从此，有机化学中“基”的概念就确定了。

李比希通过基团理论初步归纳、总结了有机化合物的性质，解释了有机反应机理。虽然基团理论不完善，但是他开拓性的工作启发了化学家继续研究有机物的分子结构，研究结构与化学性质之间的关系，从而最终建立了普遍应用于有机化合物的结构理论。

二、凯库勒——善于做梦的人

1. 苯分子

19 世纪初，英国和其他欧洲国家一样，城市照明已经普遍使用煤气。欧洲城市大街小巷的店铺门口，甚至一般家庭的屋顶，都挂着煤气灯。煤气灯虽然有一些异味，但是亮度绝不亚于今天二三十瓦的电灯泡。

生产煤气的原料是煤。从煤制备出煤气后，还剩下一种油状的液体。法拉第是第一位对这种油状液体感兴趣的科学家。他用蒸馏的方法将这种油状液体进行分离，得到了苯（也是一种液体）。当时，法拉第将这种液体称为“氢的重碳化合物”。

1834 年，德国科学家米希尔里希通过蒸馏苯甲酸和石灰的混合物，得到了与法拉第所制液体相同的一种液体，把它叫作苯。化学反应方程式是

$$C_6H_5COOH + Ca(OH)_2 = C_6H_6 + CaCO_3 + H_2O$$

这实际上就是脱羧反应。法国化学家日拉尔（Charles Frederic Gerhardt，1816—1856）等人确定了苯的相对分子质量为78，分子式为C_6H_6。

苯分子中碳的含量如此高，使化学家们感到非常惊讶。它的结构式的确定难倒了当时一大批化学家。

苯分子中，碳、氢比值如此大，表明苯是高度不饱和的化合物。大家都知道，典型的不饱和化合物易发生加成反应，而苯却不具有这样的性质。那么，是谁首先解释了这个现象呢？

2. 碳自相成环

1847年，凯库勒考入吉森大学。他本来是学建筑的，家人一心要将他培养成建筑设计师。一年后，凯库勒渐渐喜欢上了李比希的化学课。于是他说服了家人，转学化学，并进入李比希的实验室做实验。他完成的首个课题是“关于面筋成分的研究”，结果不太理想。毕业后，征得李比希的同意后，凯库勒到法国化学家日拉尔处留学。

日拉尔是当时著名的化学家，他的“类型论”将有机化合物分为氢型、水型、氯化氢型、氨型四类。“类型论”对于深入研究有机物分子内各个原子间的排列情况很有帮助。凯库勒仔细研读了日拉尔的《有机化学概论》，对有机物的分子结构与其性质的关系有了更深入的了解。他的探求欲望更加强烈了。

受早年学过建筑的影响，凯库勒常用建筑学的观点来思考物质的结构问题。这非常有助于他接受并完善原子价概念。他认为碳原子是四价，就像建房子一样，下面砌上四个一价的氢原子，刚好形成甲烷分子；而水分子是一个氧和两个氢相连，因为氧原子是二价。据此，我们很容易画出二氧化碳的“香肠式”结构图。

凯库勒认为，在有机物中，碳原子和碳原子之间可以连接成键。这些重要观点标志着近代有机结构理论基础的建立。从此，各种有机物的结构逐渐明朗，它所含的官能团与其性质有了进一步关联的基础。

在分析了大量的实验事实后，凯库勒开始解读苯的结构。他认为，苯是一个很稳定的“核”，6个碳原子之间结合得非常牢固，排列十分紧凑，它可以与其他碳原子相连形成一系列化合物（今天我们把这类化合物叫作芳香族化合物）。

于是，凯库勒开始思考，这6个碳原子的“核”到底是一种什么结构。他先后提出了多种开链式结构，但因其与实验结果不符而一一被否定。

1865年的一天，他终于醒悟，闭合链的形式是解决苯分子结构的关键。这个闭合链结构就是我们今天所说的凯库勒式。在有机化学结构理论发展史上，碳自相成环的概念是一次重大突破，这与当初碳原子之间能够形成长链的概念具有同等重要的意义。

1890年，在纪念苯环结构学说发表25周年时，伦敦化学会这样评价凯库勒的工作：苯作为一个封闭链式结构的巧妙构思，对于化学理论的发展，对于研究这一类化合物及其衍生物中异构现象的指导作用，对于发展以煤焦油为原料的染料工业所起的先导作用，都举足轻重。

一直以来，凯库勒提出苯分子环状结构的经历都是化学史上的趣闻。就像牛顿的苹果的故事那样，看似随意，其实是偶然性中有必然性因素。

3. 梦想成真

据凯库勒自己说，这个灵感来自一个梦，而且是一个白日梦。那天，他正在伦敦乘坐一辆马车，像他这样的忙人，几乎整天连轴转，这时他想抓紧时间休息一下。不一会儿，他就打起了盹儿，做起了梦。

那是旋转着的碳原子。碳原子的长链盘绕卷曲，像一条长蛇。忽然，这条长蛇抓住了自己的尾巴，并旋转不停。他触电般猛地醒过来。苯环的结构已经呼之欲出。他忙了一夜，整理并提出了苯环结构的假说。

凯库勒的白日梦无疑是历史性的。对此，他不无得意地说：“先生们，我们应该会做梦。在梦里我们就可以发现真理。”

在有机化学结构理论发展史上，碳自相成环的这个重大突破是由凯库勒首先完成的。苯分子中碳自相成环的概念，就是凯库勒通过梦

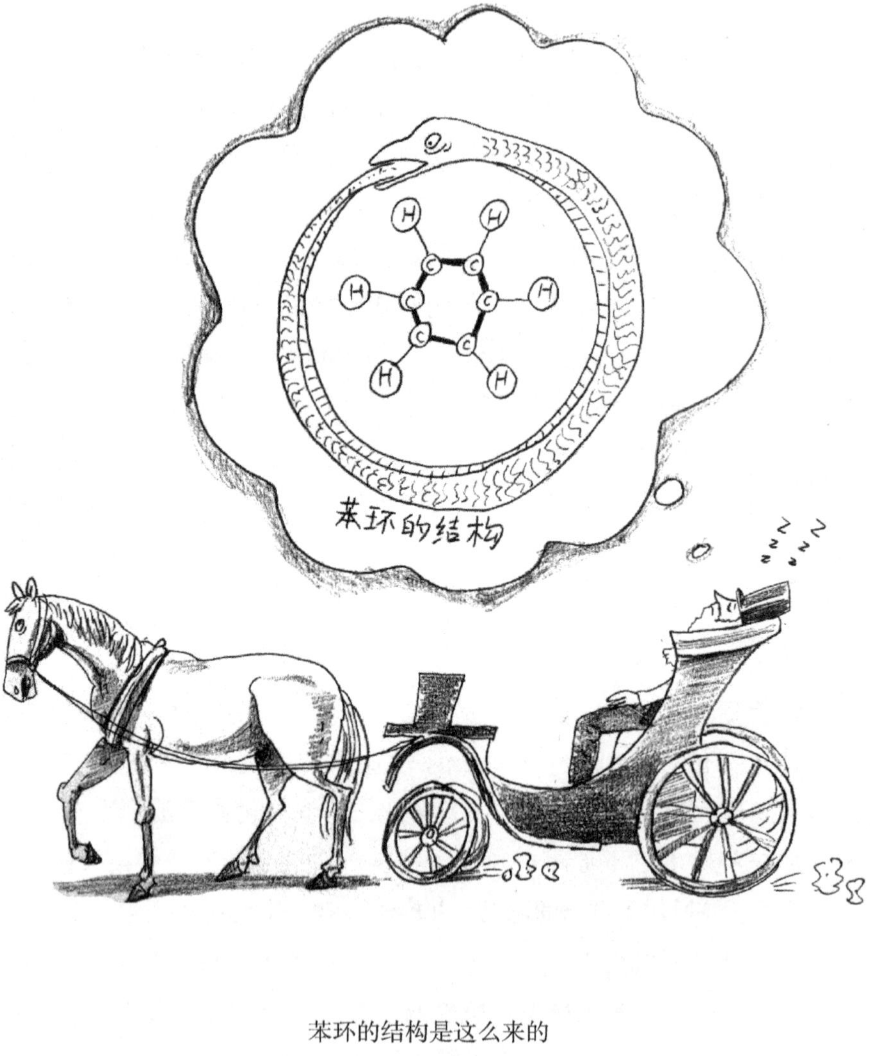

苯环的结构是这么来的

的启发为我们带来的。

凯库勒能够从梦中得到启发，成功地提出苯分子的结构学说，是需要知识的积累和动手实验做支撑的。那个梦仅仅是表面上的偶然，其中蕴含着本质上的必然。丰富的想象力不是一朝一夕就能练成的。

凯库勒的白日梦其实是多年学术积累的结果。重要的是，他懂得原子价的真正意义，善于捕捉直觉形象，对建筑结构的理解帮了很大的忙，这一切使他能够以严肃的科学态度对实验事实进行分析和探讨。对著名化学家凯库勒来说，这些缺一不可。

三、范特霍夫和不对称碳原子

凯库勒的原子价概念、碳原子的四价概念、碳与碳自相成链学说，苯的环状平面结构，经俄国化学家布特列洛夫等人归纳、总结，形成了有机分子平面的结构理论。

但研究有机物分子内原子排列顺序的视野只限于平面角度。当时的化学家所画的有机物分子结构式与今天中学教科书中的平面结构式很相似。随着实验材料的积累，人们发现这远远不够，需要深入研究有机物分子内原子在三维空间的排布问题。有机化学立体结构理论的提出为期不远了。

首先提出这一理论的是雅可比·亨利克·范特霍夫（Jacobus Hendricus Van’t Hoff，1852—1911）。

1. 求学经历

1852 年 8 月 30 日，范特霍夫出生在荷兰的鹿特丹。上中学以后，范特霍夫的兴趣主要集中在化学方面。那时候做化学实验的机会不多，范特霍夫就想各种办法去实验室做实验，实验做得多了，对化学的理解就比别的同学深刻。但范特霍夫有时候为了做实验不遵守学校的纪律和规定，难免会发生危险，因为很多化学试剂易燃易爆，并且有毒，甚至还有个别的剧毒物质，其实很危险。

范特霍夫不遵守校纪校规，老师也不是第一次看到，出于爱护学生的心理，老师没有把这件事情告诉校长，但是告诉了范特霍夫的父亲。父亲是鹿特丹的著名医生，由于职业和专业的关系，对化学也比较熟悉，父亲也很生气，一方面给范特霍夫讲解事情的严重后果，另一方面觉得儿子对化学的热情应该得到保护和肯定。所以，就把自己诊所旁边的一个小房间腾出来给儿子当化学实验室。和学校的实验室相比，房间虽然不怎么好，但毕竟是属于自己的实验室，可以在里面做各种化学实验。范特霍夫少年时期的这段经历常常被人们提起，他后来能够成为著名化学家与小时候的兴趣还是有千丝万缕的联系的。

19 世纪的自然科学已经有了很好的体系和形式，科学也越来越社会化。17 岁时，范特霍夫从中学毕业，考入德尔夫特高等工艺学校。在那里，他的聪明和勤奋赢得了任课老师的普遍赞誉。那时候的范特霍夫求知欲旺盛，也懂得珍惜时间。在所有学科中，他学得最好的还是化学。这段学习经历为他以后更好的发展奠定了重要基础。

范特霍夫的父亲是医学博士和著名医生。他有两大爱好，一个是诗歌，一个是哲学。这两个爱好潜移默化地影响了范特霍夫，特别是实证主义哲学思想使范特霍夫学会了从哲学的角度来认识自然科学。我们通常说，站得高才能看得远，站得高主要是指哲学的高度、思维的高度，看得远是指对事物的总体轮廓把握得好，而不仅仅是看到了局部。只有视野开阔，才能更好地窥探大自然的奥秘及自然科学的真谛。

从莱顿大学毕业后，范特霍夫来到了波恩大学，拜凯库勒为师。凯库勒当时已经是十分著名的有机化学家了，这使范特霍夫受到有机物分子官能团理论和结构方面的良好训练。一年后，凯库勒推荐范特霍夫去巴黎医学院的武兹实验室工作。武兹同样是著名有机化学家。在武兹的指导下，范特霍夫开始了有机立体化学的研究，在波恩和巴黎的研究工作成为范特霍夫一生最重要的经历，也成就了范特霍夫后来的人生，使他成为有机立体化学的重要创建者之一。

2. 手性碳和旋光异构现象

今天大家都知道，某些有机化合物具有旋光现象，即其溶液能使穿过其中的平面偏振光发生偏转（左旋或右旋）。19 世纪中叶，人们越来越多地发现了这一现象。

旋光现象与我们的生活有一定关系。去医院或药店买药时，你说不准会买某些左旋药物，因为某些左旋药物具有一定疗效，而右旋产品几乎没有类似功能。相反的情况也有。

法国微生物学家巴斯德（Louis Pasteur，1822—1895）首先发现，酒石酸和葡萄酸都具有左旋和右旋两种不同结构。后来，德国化学家威利森努斯（Johannes Wislicenus，1835—1902）发现，乳酸也有旋光异构现象。范特霍夫和勒·贝尔（J. A. LeBel，1847—1930）分别对某些有机化合物的旋光异构现象进行了深入研究。1874 年，两人分别提出了关于碳的正四面体构型学说。

故事的开头很有些戏剧性。有一天，范特霍夫在乌德勒支大学图书馆的阅览室看到了一篇研究乳酸的论文，作者就是威利森努斯。乳酸是一种相对简单的有机化合物，它的结构式也容易画出，范特霍夫画出了乳酸的结构式。当他把视线集中到分子中心的 2 号碳原子上时联想到，如果将这个碳原子上的不同取代基都换成氢原子，那么这个乳酸分子就变成了甲烷分子。

这是一种奇妙的类比和还原。

但是，甲烷分子中的 1 个碳原子和 4 个氢原子能排列在同一个平面上吗？如果不是这样，这 5 个原子怎样排列才是合理的？这个想法其实正在涉及问题的本质，难怪范特霍夫那天非常兴奋。

范特霍夫具有很好的数理基础，他知道自然界中一切物体的能量都趋向于最低，这就是我们常说的最小能量状态。对甲烷分子来说，只有当氢原子均匀地分布在碳原子周围的空间时才能达到最小能量状态。那么，甲烷分子采取怎样的空间构型才能做到这一点呢？其实到这时，范特霍夫离答案已经非常近了。

答案就是，正四面体才是甲烷分子最恰当的空间排列方式，只有这样，它才会取得最低的能量状态。如果用4个不同的有机基团（取代基）替换甲烷分子中与碳原子相连的4个氢原子，结果显而易见，取代产物在空间就会有两种不同的排列方式。

范特霍夫很快就在乳酸分子的化学式旁画出了两个正四面体。猛然一看，两个正四面体好像一样，但实际上其中一个是另一个的镜像，就像我们的左手与右手的关系一样。

这就是物质具有旋光性的根本原因，旋光性只是一种宏观性质，决定旋光性现象的本质是其在微观上的结构。

在这里，让我们以CHBrClF为例来说明。在这个过程中，你完全可以参与其中。CHBrClF分子有两个异构体，这两个异构体以镜面为对称面互为映像关系。我们把这叫作对映异构。其中一个能使平面偏振光向左旋转，另一个能使平面偏振光向右旋转，所以也叫作旋光异构。

两种异构体的关系就像我们的左、右手一样，所以又叫作手性异构。在这样的异构体中，连接有不同的四个原子或原子团的碳原子称为不对称碳原子，也叫作“手性碳”。

3. 使化学从平面走向立体

当时的有机结构理论还不能准确告诉人们原子在分子中的实际位置，所以很多有机化合物的结构式不能表征其立体异构现象。

范特霍夫根据自己的思考和研究写出了《空间化学引论》。在这本只有11页的小册子中，范特霍夫提出了“不对称碳原子”（即手性碳）这一概念。不对称碳原子的存在，使酒石酸分子产生了两个变体——左旋酒石酸和右旋酒石酸。但当把两者等量混合后，得到的酒石酸就没有旋光性了。这就是光学上的外消旋现象。范特霍夫用他提出的“正四面体模型”解释了实验中的旋光现象和消旋现象。

范特霍夫关于有机分子空间立体结构的假说，不仅能够解释旋光

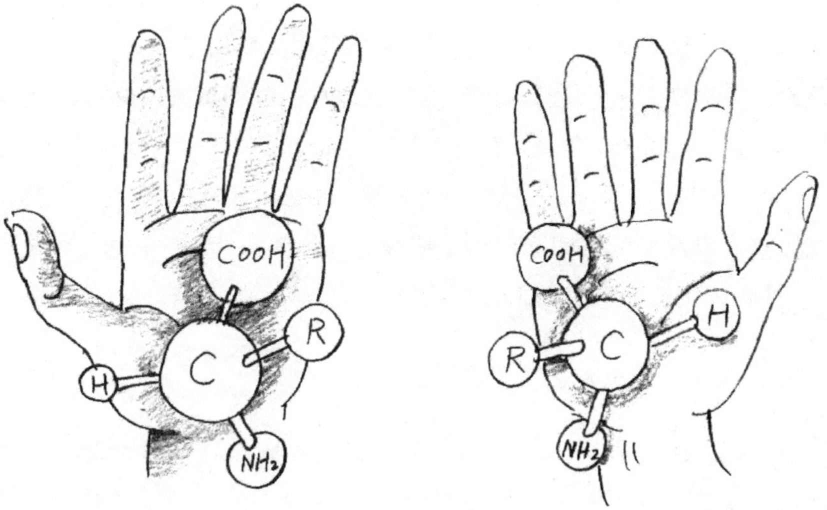

手性异构现象

异构现象，还能够解释二氯甲烷没有异构现象之类的问题。我们知道，如果按平面的结构理论推测，二氯甲烷应该有两个异构体，一个分子中两个氯原子是相邻位的关系，另一个分子中两个氯原子是相对位的关系。但从碳的四面体理论来看，两个氯原子位于四面体的两个顶点，总是相邻的，不存在相对的关系。二氯甲烷只有一种，没有异构体，事实正是这样，这说明范特霍夫关于碳的四面体理论是正确的。

分子空间结构假说的诞生，立刻引起了整个化学界的巨大反响。很多化学家预感到了该假说的意义，对范特霍夫这一创举赞不绝口。荷兰物理学教授毕易·巴洛认为这是一个出色的假说。他预言，这一学说将在有机化学界引起一场深刻的变革。著名有机化学家威利森努斯教授写信给范特霍夫说："您在理论方面的研究成果使我感到非常高兴。我在您的文章中看到了极其机智的尝试，过去一些尚未弄清楚的事实此时变得很清晰了。您的这一尝试在这门科学中具有划时代的意义。"范特霍夫的同事和朋友都积极支持和鼓励他把论文译成法文和德文。

当然，也有不同的声音，有些甚至还很激烈。但是，这些反对意见不仅没有损害范特霍夫的新理论，反而为这一理论的推广和传播起了宣传作用。因为他们想了解一下范特霍夫的理论到底讲了些什么。于是，新理论在科学界迅速传播开来。激励和批评竟使范特霍夫一夜成名。

不久，范特霍夫被阿姆斯特丹大学聘为讲师。1878 年，他成为教授。

学术界对其褒贬不一，但实践证明，范特霍夫首创的"不对称碳原子"概念以及碳的正四面体构型假说（又称为范特霍夫-勒·贝尔模型），是立体化学诞生的标志。

4. 不平凡的诺贝尔化学奖获得者

从 1878 年开始的近 20 年间，范特霍夫在阿姆斯特丹大学担任化学教授。他讲授过的课程还有矿物学和地质学，但他的主要精力还是放在了化学方面，特别是物理化学。

他对化学热力学与化学亲和力、化学动力学与稀溶液的渗透压现象及有关规律进行了深入探索，在此基础上建立了物理化学的理论框架。他和奥斯特瓦尔德（Friedrich Wilhelm Ostwald，1853—1932）、阿累尼乌斯（Svante August Arrhenius，1859—1927）一起被后人称为创建物理化学的“三剑客”。

在化学发展史上，这些开创性的贡献表明范特霍夫的不同凡响。他超越了前人，超越了很多同代人，更加重要的是，他在不断超越自己。从上中学开始，他就对化学感兴趣，在数学和物理学方面也有深厚的知识积淀。

他注重哲学沉思，具有非凡的想象力和创造力。他重视实验，善于把实验结果与化学理论紧密结合，从中提炼出很有价值的规律。在整理实验结果的时候，他善于借用数学的方法，从哲学的高度进行推理并得出结论，并上升到理论高度。这是他创立有机立体化学和物理化学新学科的基石。

有机立体化学的研究体现了范特霍夫对模型方法的灵活运用和对科学假说方法的谨慎把握。他对科学问题的理解更胜别人一筹，站得高和看得远是他的优势。

1885 年，范特霍夫被选为荷兰皇家科学院成员。此后，他先后当选为哥廷根皇家科学院、伦敦化学会、美国化学会及德国研究院的外籍成员，获得了多项荣誉。1901 年，他荣获了第一届诺贝尔化学奖。

在荣誉面前，他依然十分清醒。他一直保持着朴素的生活习惯。作为农场主，他每天早上驾着一辆马车为用户送奶。每当路人看到这一情景，总是望着他的背影说：“瞧，这就是那个获得过诺贝尔化学奖的化学家范特霍夫。”

四、布特列洛夫和他的有机结构理论

1828 年 9 月 3 日，阿列克萨得尔·米哈依洛维奇·布特列洛夫出生在俄国一个偏僻的小镇。他的父亲曾在 1812 年参加过卫国战争，是建立过战功的退伍军官。家里经营着一大片土地，是一个地主家庭。这样的家庭背景使布特列洛夫从小过着比较富有的生活，受到了良好的教育。

在一所寄宿制学校里完成了初等启蒙教育后。1839 年，布特列洛夫进入喀山中学读书。中学期间，他喜欢物理学、数学和博物学，尤其喜欢化学。1844 年中学毕业后，他以优异的成绩考入喀山大学化学系。1849 年大学毕业时，布特列洛夫在老师和同学的印象中成绩优良、能力超群，这是他能够留校任教的根本原因。

1851 年，布特列洛夫获得了喀山大学的硕士学位，硕士论文是《论有机化合物的氧化》。三年之后，他获得了莫斯科大学的博士学位。之后，他回到喀山大学担任化学教授。

1. 拓展新领域

当时的喀山大学，群英荟萃、名家齐聚。克拉乌斯、齐宁等人既是享有盛名的科学家，又是卓有成效的教育家。和这些著名科学家一起工作，布特列洛夫受益匪浅。他很快成为学科带头人和学术带头人。

克拉乌斯教授后来受聘到捷尔普斯克大学任教。布特列洛夫接受了克拉乌斯教授的职务，领导喀山大学的化学研究和教学工作。工作理顺之后，布特列洛夫到欧洲进行了两年时间的学术访问。在这期间，他结识了许多著名化学家，其中就包括凯库勒和康尼查罗。

在著名的武兹（Charles-Adolphe Wurtz，1817—1884）实验室，布特列洛夫进行了一系列无机合成研究。合成二碘甲烷的新方法是他在这里发现的。在此基础上，他制备了碘代甲烷的系列衍生物，以甲醛和氨为反应物合成了六次甲基四氨。今天，六次甲基四氨在很多领域中有广泛应用，商品名叫乌洛托品。

布特列洛夫研究过甲醛的聚合物。他发现，经石灰水处理后，甲醛聚合物会转变成糖类物质。这些新的研究成果受到欧洲各国化学家的注目和称赞。他们认为，布特列洛夫的工作是开创性的，特别是对糖类物质的合成，是人类历史上的第一次。

1861年，布特列洛夫首次提出了化学结构理论的基本思想。同年9月，在德国施别依市举行的科学家和医生代表大会上，布特列洛夫宣读了他的论文《论物质的化学结构》。他在论文中系统地阐明了化学结构理论的基本原理。化学结构理论的基本观点主要表现在以下两个方面：①假定两个化学原子具有一定的和有限的化学亲和力，化学原子借这种力形成物体，那么就可以将这种化学关系（或者叫作复杂物体中的各原子相互结合的方式）称为化学结构；②复杂物质的化学性质，取决于组成这种物质的基本质点的性质，也取决于基本质点的数量和化学结构。

这是一种高瞻远瞩的思想，因为它阐明了物质的性质与其结构的重要关系。今天，很多化学工作者的基础研究、关注的重点还在于此。因为它不仅能开启思维的大门，还能为合成一种新物质提供重要信息。

2. 善于总结前人的研究成果

在布特列洛夫之前，有许多化学家对有机结构理论的建立做出了重要贡献。

1852年，英国化学家弗兰克兰（Edward Frankland，1825—1899）在研究金属有机化合物时指出，不同的元素具有不同的结合能力。现在看来，确实如此。

1857年，凯库勒提出了原子数的概念。他有一个著名假说：化合物的分子由相关原子结合而成，与某些原子相化合的其他元素的原子或基团数目，取决于各成分的亲和力值。他所说的“亲和力值”就是原子价，跟今天中学化学中所讲的化合价或大学化学中的氧化数是一回事。

凯库勒进一步指出，一个原子的碳和四个原子的氢是等价的。这就是碳原子的四价学说。这仍是今天化学教科书里的内容。

1858年，英国有机化学家库珀（Archibald Scott Couper，1831—1892）在《论一个新的化学理论》一文中，也提出了碳原子的四价学说。库珀指出，碳原子彼此之间可以结合，并互相连接成链。自相成链确实是卓越的观点。

在一次学术报告中，库珀告诉大家："碳原子可以和一定数目的氢、氯、氧、硫等元素结合，碳原子和一价元素的最高结合能力是四。"当时的化学处于总结材料、从感性经验上升到理性规律的过程中，因此库珀的这篇论文具有重要的学术价值。

布特列洛夫总结了前人的研究成果，在独立思考的基础上系统地提出了有机化学的结构理论。他认为，物质的化学结构与其性质紧密关联。他说："物质的化学性质取决于它的化学结构。如果人们明白了这一原理，就可以从化学结构推测其化学性质。"

3. 有机结构理论的系统化

布特列洛夫提出了确定化学结构的方法，制定了确定化学结构的基本原则。他对自己的化学结构理论深信不疑。他预言，他所创立的结构理论必将成为化学科学的普遍法则。

布特列洛夫指出，在化学反应中，有机基团有进行重排的可能性。他提出和解释了有机化学中的同分异构现象。他说："化学中的同分异构体，是那些由相同的化学元素组成的具有相同的分子式，但具有不同化学结构的化合物。"他解释说，某些同分异构体性质不同的原因是其结构上的差异性。这些工作成绩都是在深入研究物质化学结构的基础上取得的。

布特列洛夫认为，物质的结构内部存在着构成化学结构的"原子的相互影响"，这种影响可以是直接的，也可以是间接的。它使原子具有不同的"化学意义"，随原子所处化学结构条件的不同而不同。

布特列洛夫和他的课题组经过长期的实验研究和理论研究，把化学结构学说的一般原理具体化为众多法则。直到20世纪以后，由于电子理论的发展，这些经验性的法则才和其他化学理论一起上升到一个新的层次。

布特列洛夫和他的助手，对根据结构理论所预言的重要新物质都一一进行了实验证明。例如，他从结构理论出发，预言了位置异构和碳链异构的存在，随后就在实验室合成了丁醇和异丁醇，并说明了这两种物质的结构差异性。布特列洛夫运用有机化学的结构理论，预言了丁烷和戊烷的同分异构现象。后来，人们确实发现丁烷有两种，戊烷有三种。在当时的条件下，这种预言是有一些冒险性质的，后来他的实验室也把这一预言变成了现实。所以说，布特列洛夫不仅是一位理论化学家，也是一位实验化学家。他做化学实验时的方法之巧妙、手段之娴熟同样值得我们学习。

在长期实验研究和理论研究的基础上，布特列洛夫能够站在一定的高度上把握化学的动态，他深厚的化学造诣绝非一日之功。他提出的有机结构理论逐步走向成熟、完善和系统化。他用这一理论成功地说明了有机化学中的各种事实。反过来，他能根据自己的理论，预言未知有机化合物存在与否，并指导化学合成。

1864 年，布特列洛夫最重要的著作《有机化学研究导论》在喀山出版。那是一部巨著，也是他毕生心血的结晶。这本书在短短三年间就重印了三次。此后的两年，该书的德文版也重印了两次。直到今天，这本书仍然是研究有机化学史和早期有机结构理论的经典著作。

在有机结构理论的指导下，布特列洛夫详细研究了有机化学的聚合作用，提出了聚合反应理论，并做了大量的实验，为有机合成化学奠定了基础。

布特列洛夫的学生列别捷夫（CepreЙ BacИЛЪeВИЧ ЛбeцeB，1874—1934）继承和发展了他的学术思想，经过深入研究，发现了人工合成橡胶的工业方法。1910 年，列别捷夫实现了丁二烯的钠聚合。这一研究成果引人注目。当时，合成橡胶的需求已经变得越来越迫切了，特别是在苏联。

4. 无与伦比的人生

布特列洛夫在喀山大学任教 18 年，在彼得堡大学担任化学教授 17 年。研究和教学的 30 多年，是他人生中的黄金时期，是他出成果的重要时期。他培养了一大批优秀的化学人才，他的学生遍及俄国国内各大学和科研单位，其中很多人是著名的教授和学者，如马尔柯夫尼可夫、波波夫、查依采夫、法沃尔斯基等。

作为教育家，布特列洛夫治学严谨，对教学工作尽心竭力、精益求精。在一些琐碎的事情上，他也事必躬亲。在很多方面，他为同事和学生树立了好榜样。每当回忆起布特列洛夫的教学和研究工作时，他的同事和学生都称赞他是一个无与伦比的人。他们以与他一起工作过或当过他的学生而自豪。

1953 年，苏联政府在莫斯科罗蒙诺夫大学化学楼前为布特列洛夫建立了纪念碑，以示对这位伟大化学家的永久性纪念。也是在那一年，苏联化学界组织编写和出版了《布特列洛夫全集》。在去世半个多世纪后还能享受到这么高的待遇，在世界范围内这样的人并不太多。

布特列洛夫是闻名世界的化学家，是有机化学结构理论的重要创立者，是俄国有机化学家组成的喀山学派的领导人和学术带头人。喀山学派汇集了一大批俄国化学界的精英，在世界化学史上有深远的影响。

第十四章

物理与化学的成功融合——一门新学科的诞生

这门新学科就是物理化学，它属于化学的分支学科，是用物理的方法和原理解释或解决化学的问题。今天的物理化学内容广泛，主要包括化学热力学和动力学、平衡态和非平衡态，涵盖宏观和微观两个层面。

在这里，笔者仅从几个侧面介绍物理化学发展的大概情况，而且主要以故事的形式呈现。

一、气体的液化

我们知道，在 1 个标准大气压[①]下，氧气在约 −183℃（90 K）时变为淡蓝色液体，氢气在 −252℃（21.15 K）时变为无色液体。说起来容易，做起来却非常困难。因为这两种气体的液化温度太低了，如果没有一定的技术支撑，要把这两种气体变成液体，其难度无异于登天，所以我们平时很难看到液态氧和液态氢。

气体液化经历了一个艰难曲折的过程，这个过程是和低温物理的发展联系在一起的。说到低温物理，两项技术必须过关，一个是制造低温，另一个是提供高压。对于液化气体来说，这两项技术缺一不可。这也是冰箱的重要技术支撑。

这两项技术是互补的关系。如果确实达不到太低的温度，那压力要足够高。反之，如果压力一般，那温度就要足够低。在 18 世纪末，这两项技术难题需要逐步攻克。这也是当时科学家的一个梦想。

对我们来说，获得低温比制造高压更加困难。自从有了压缩机，自从人们了解了溶液的依数性，自从人们知道了液体的蒸发能够带走局部大量的热，自从人们掌握了热力学的基本原理，科学家就开始向这个梦想靠近。

早在 1799 年，科学家已经通过降温和压缩的方法使氨和二氧化硫液化。1823 年，英国物理学家、化学家法拉第用冰冻的混合物使加压

① 如果用现在的国际单位制，则相当于1.01325×10^5帕。

的气体降温，液化了硫化氢、氯化氢和单质氯。

1835年，蒂洛勒尔（Thilorier，1790—1844）制得了大量液态和固态的二氧化碳。固态二氧化碳就是干冰，是最廉价的制冷剂。有一天，他把干冰和乙醚混合，获得了更低的温度。

到19世纪60年代，科学家们已经能够创造出2700多个大气压的压力。尽管如此，他们还是没有能够使氢、氧、氮、一氧化碳这几种气体变成液体。因此，当时的人们认为，这些气体是“永久性气体”，即人类永远不可能把这些气体液化。“永久性气体”这个名称沿用了20多年。但20多年来，探索者的脚步从未停止。

1863年，英国物理学家与化学家安德鲁斯（T. Andrews，1813—1885）把装有液态和气态二氧化碳的玻璃容器加热到88 ℉（31.11℃）时，液体和气体之间的分界面突然完全消失。当温度高于这个数值时，即使增加压力，也不能使二氧化碳液化。他把这个温度称为二氧化碳的临界温度。安德鲁斯突然意识到，每种气体都有自己的临界温度。

几年之后，他提出了一个重要观点：过去之所以没能成功液化“永久性气体”，很可能是因为它们的临界温度比迄今能够降到的最低温度还要低得多。他预言：“只要能够达到更低的温度，它们一定能被液化。”安德鲁斯的科学猜测和大胆预言犹如为科学界注入了一剂强心针，人们开始寻找获得更低温度的方法。

1852年，英国物理学家焦耳（J. P. Joule，1818—1889）和丹麦物理学家汤姆逊（H. P. J. J. Thomsen，1826—1909）已经证明，非理想气体发生真空绝热膨胀时，由于要克服分子间的引力而做功，温度可能大大降低。这是一个重要的科学假说。

1875～1880年，德国工程师林德（K. Linde，1842—1934）基于同样的思想，采用循环对流冷却的方法，制成了气体压缩式制冷机，得到了更低的温度。

1883年，奥匈帝国的乌罗布列夫斯基（S. F. von Wroblewski，1848—1888）和奥耳舍夫斯基（K. S. Olszewski，1846—1915）用林德制冷机液化了大量的氧气和氮气。

之后，英国科学家杜瓦发明了低温液体容器——杜瓦瓶。1898 年，杜瓦用他的瓶子成功实现了氢的液化。这种气体在 1 个标准大气压下的液化温度是 −252℃。

到 19 世纪末，人们已经创造出了 −259℃的最低温度，这是当时的极限。挑战极限是科学家的使命，而奇迹总是会伴随在挑战者的身边。

1908 年，荷兰物理学家昂乃斯（H. D. Onnes，1853—1926）成功实现了氦的液化。这一实验是历史性的，有重大而深远的影响。从此之后，再没有气体是不能被液化的。昂乃斯亲手把“永久性气体”这一名称送进了历史的博物馆里。昂乃斯创造了 1.15 ～ 4.3 K（−272 ～ −268.85℃）的极低温。

昂乃斯和他的同事还对低温下的各种现象进行了广泛研究，其中就包括超导现象。1913 年，昂乃斯获得诺贝尔物理学奖。他的最大贡献是在低温下对物质性质的研究，并成功液化了氦。

二、对溶液的认识

说到溶液，我们并不陌生。糖水、茶水、盐水、小苏打水、酒和醋，都可以称为溶液。人类使用溶液有非常悠久的历史。可以说，溶液伴随着人类社会的发展。来自大自然的水其实就是溶液，它里面含有可溶性的物质，如矿物质。

自从人类知道了盐对生命的重要性，就把盐的开采当作一件大事。古代社会的经济活动比较单一，盐的开采和营销十分显眼，由专人进行管理。比如，明朝时期设有巡盐使这一官职，管理盐务是当时社会非常重要的一件事。直到今天，盐在生活和经济方面仍然不可或缺。

盐的开采和制取就与溶液有关。古代人是根据盐水浓度的大小来确定其是否具有开采价值的。

化学上的盐指的是一大类物质，但笔者在这里所说的盐专指氯化钠。对绝大多数人而言，一说到盐指的就是氯化钠。

4～5世纪，古希腊炼金术士辛内索（Synesios，381—456）制作了一种比重计，用来测量酒、醋、牛奶、蜂蜜等水溶液的密度。到了6世纪，人们所使用的比重计就和现在所用的没有太大差别了。

11世纪初，阿拉伯人比鲁尼（al-Biruni，973—1050）测定了许多液体的密度，所得结果也比较准确。

15～16世纪，欧洲化学进入了所谓的医药化学时期。这个时期的化学家逐步摆脱了中世纪炼金术士神秘观念的束缚，摆脱了思想僵化和教条主义，化学科学有了较大发展，化学研究与人们生活的关系更加紧密。

在这个时期，有很多人转向矿泉水的研究。当时流行一种观点：矿泉水能够治疗疾病。由于各地矿泉水的药理性能不同，人们就想知道它的成分。对矿泉水的研究促进了溶液化学的发展，包括对溶液中有关组分的定性和定量分析。在那以前，人们只是简单地把矿泉水中的水蒸发掉，称出残渣的重量，从而计算出矿泉水中所溶解物质的比例。

到了16世纪中叶，溶液化学的发展更进步了。这时，研究者知道了盐的结晶形状不同，溶液中所含盐的种类就不一样。1597年，德国医生李巴维据此判断过水溶液中所含盐的种类。

他是这样描述实验过程的：确定水中所溶物质种类的方法是，将溶液缓慢蒸发浓缩，在其中悬一根稻草或棉线，让溶质在它上面结晶出来，从结晶的形状就可以判断它是明矾还是硝石。这个实验本身固然容易，但观察起来却相当费事。仅凭眼睛观察就能知道是什么盐，其神奇绝不亚于魔术。没有丰富的经验积累，很难胜任这一工作。不过，我们可以从中发现，当时的人们已经掌握了溶解和结晶的方法。

文献中说，古罗马的植物学家和博物学家。普林尼曾介绍过一种定性检验的方法，即用五倍子浸液可以检验胆矾溶液中有没有铁。这可能是利用化学试剂对水溶液中的组分进行定性检验的最早记载，距今约有 2000 年了。

后来，李巴维利用这个反应检验过矿泉水中的铁。他发现，胆矾溶液与氨作用时显深蓝色，这是相当显眼的颜色。李巴维找到了一种定性检验氨的方法，其实这个反应也能设计成定量测定，当然现在有更好的方法。

17 世纪的荷兰医生埃享尼乌斯（O. Tachenius，1620—1690）系统地研究了五倍子浸液与各种金属盐溶液的反应。他用这个方法检验尿中的铁，想弄清楚铁的排泄途径。医药化学时期的医生在溶液定性分析方面做了许多有益的工作，他们其实就是当时的化学家。

英国化学家玻义耳同样对矿泉水感兴趣。他仔细研读了前人的著作，借鉴他们的经验，通过大量实验，总结出自己的研究成果，把溶液化学提高到了一个新水平。

值得一提的是，他提出了溶液中有关组分的检验方法。后来，他专门编写了一本关于矿泉水的专著《矿泉的博物学观察》，全面总结了当时已知的各种水溶液有关组分的检验方法和化学反应。比如，他制取五倍子浸液时发现，若向这种浸液中滴入铁盐溶液，浸液变黑。他认为，利用这种现象可以检验铁的存在。

一个有广泛用途的产品瞬间诞生了，这就是玻义耳的墨水。他继续研究这种墨水的制备方法，确定了制作配方。后来，人们沿用这个配方生产墨水，真正实现了白纸黑字的视觉效果，玻义耳的名字也随着墨水走进了千家万户。

虽然普林尼、李巴维和埃享尼乌斯研究过类似的反应，但是玻义耳将研究内容大大扩展，他为研究结果找到了实在的应用，这种应用使人类文明的传承更加便捷。

在研究硝酸银溶液与盐酸的反应时，玻义耳发现，在硝酸银溶液里滴入盐酸，马上产生一种白色沉淀，沉淀在开口的容器里会逐渐变成黑色。他当时并没有弄清楚为什么会发生这样的现象，今天我们知道，这种沉淀就是氯化银，氯化银在光照下缓慢分解变成了单质银。

不过，玻义耳据此实验现象提出了一种检验物质里是否有银存在的方法。直到今天，这个反应仍然是检验银的经典方法，反过来，也是检验氯的经典方法。

在实验室里做这一实验时，可以在点滴板上进行，以达到用最少的试剂用量获得最理想的实验效果，确保绿色环保。

当时的化学界流行一种很有意思的观点，即当两种物质在溶液里相遇时，彼此之间若有“厌恶感”就会形成沉淀，一些人还以某些酸性物质在碱性物质作用下发生沉淀反应为例，证明这一观点的正确性。

玻义耳对此持有不同意见。他认为，这种观点实际上给所研究的物质罩上了神秘的光环。为此，他研究了草木灰（碳酸钾）与酸的作用及硝酸银在王水（浓硝酸和浓盐酸的混合物）中的表现后认为，应该特别注意沉淀作用中量的变化。他说：“在多数情况下，沉淀过程是溶解的金属与一部分沉淀剂发生了结合，因此生成的沉淀重量往往超过了原来溶解的金属的重量。”他对沉淀产生原因的解释具有创新性。

玻义耳对溶液中化学反应的研究，为分析化学的发展奠定了基础。

三、催化反应离我们有多远

说到催化作用，我们一点也不陌生。在生命体内，没有淀粉酶和蛋白酶，就无法消化所吃的食物，就无法把碳水化合物通过水解变成葡萄糖，也无法通过水解把蛋白质变成氨基酸。

而这两种酶是生命体内最重要的催化剂，尤其重要的是，它们在常温常压下就能够实现以上水解反应，反应条件相当温和。因此，众多化学家争相模仿。但真正做到就不容易了。

1. 对催化现象的认识

在中学化学里，有一个通过加热使氯酸钾发生分解制备氧气的实验，这个实验装置已经非常古老了。今天的实验中要往里面加少量的二氧化锰，那么加二氧化锰有什么用呢？加少量二氧化锰以后，氯酸钾分解放出氧气的速度就会加快。

像二氧化锰这样的物质叫作催化剂，它可以起到催化作用。如果没有二氧化锰，就加少许香烟灰。香烟灰可以起到类似的作用，只是实验效果稍微差一些。这里的香烟灰所起的也是催化剂的作用。

古代社会在酿酒或制醋时，要用到一种叫作曲的东西，曲上生长有大量微生物，其主要成分是霉菌，这些微生物所分泌的酶是酿造行业中常用的生物催化剂。没有曲，在一定程度上，会影响我们的生活。大家体会到催化剂的重要性了吧。

还有更多的生物催化剂。没有它们，生命体内的一些关键反应就不能发生。固氮酶就是生命体内的一种催化剂。比如，某些植物根部的菌类所携带的固氮酶能在常温常压下把空气中的游离氮转化为化合态的氮，这叫作生物固氮。很多这类植物不需要或只需要很少的氮肥，它们甚至还会为别的植物提供氮源。

再想一想自然界中的碳循环。正是地球上各种植物的存在，才使空气中的二氧化碳能够维持一定的平衡。从化学角度看，那是植物体内的叶绿素在常温常压下使空气中的二氧化碳和水变成了葡萄糖。植物的光合作用对维持自然界中的碳平衡起至关重要的作用，也是维持地球元素动态平衡的重要一环。

今天，尽管科学技术十分发达，但还没有听说哪一位化学家能在如此温和的条件下把空气中的二氧化碳和水转变成葡萄糖。众所周知，叶绿素是一种金属镁的卟啉类配合物（metalloporphyrins）。离开了它，二氧化碳和水几乎不发生反应。

叶绿素实际上就是植物进行光合作用的生命催化剂。生命体内的催化剂还有很多，它们支撑着生命的运作和演化。

中世纪的炼金术士在用硫黄制造硫酸时会加进一些硝石，硝石所起的作用就是催化作用。

2. 催化概念的产生

13 世纪时，人们发现硫酸能使乙醇转变成乙醚。

1781 年，帕明梯尔（Parmentier，1737—1813）发现酸的存在能促使淀粉水解。1812 年，基尔霍夫发现，当有酸存在时，蔗糖的水解作用会加快。他还发现，在稀硫酸溶液中，淀粉可以水解生成葡萄糖。1817 年，戴维发现，海绵状铂能促使醇蒸气在空气中氧化。这发现让人大吃一惊。两年之后，德国化学家德贝莱纳的发现更让人瞠目结舌。他发现，铂黑可以促使氢气和氧气在常温下自动化合生成水。

中学化学课堂上，老师会给学生演示氢气和氧气反应生成水的实验，但那是燃烧，前提条件是点燃。如果没有那个前提条件，就是把这两种气体混合在一起放上 100 年，也不见到水的痕迹。

1819 年，泰纳研究了碱、锰、银、铂和金等对过氧化氢分解的加速作用。1838 年，德拉托（Cagniard de Latour，1777—1859）和施万（Schwann，1810—1882）发现，糖之所以能发酵生成酒精和二氧化碳，是因为一种微生物在起作用。

我们知道，化学反应的概念建立在拉瓦锡所提出的质量守恒定律和化学元素的概念基础之上。早在 18 世纪，人们就已经知道了催化现象，但是当初不可能把它们看作专门的一类反应。

最早意识到这一问题的是化学家基尔霍夫，他在 1814 年研究了酸催化淀粉水解为葡萄糖的反应，尽管当时还没有使用“催化作用”这个词。

著名物理学家法拉第也研究了氢气和氧气在铂箔上的反应。他认为，氢气和氧气在铂表面上聚集而相互接近，从而致使反应发生。铂本身不能使任何微粒结合，它的作用仅仅是把反应物紧密地吸引到它的周围。那时候，他还在化学家戴维的实验室当助手。

在化学发展史上，贝采里乌斯最先使用“催化作用”一词来描述有关痕量物质的特殊本领。在化学反应过程中，它们本身不消耗，但能够影响化学反应的速率。贝采里乌斯观察了许多实验结果。1836年的那个夏天，贝采里乌斯整天忙的就是这些。

贝采里乌斯总结了在他之前三四十年间人们对这类反应的研究，为了解释这些现象，他首次提出了“催化”这一概念。

贝采里乌斯说：“催化剂是一种具有催化力的外加物质，在这种作用力影响下的反应叫催化反应。”他进一步补充说：“催化力本身似乎在于，在这一温度下，潜睡的亲和力被唤醒，由于亲和力的影响，复杂物质的元素重排，组成另一种关系，在这一关系下，可能引起很大的电化学中和。”

贝采里乌斯在论述催化作用时，引用的例子是酸对淀粉水解为葡萄糖的催化、金属离子对过氧化氢分解的影响，以及铂在氢气和氧气反应中所起的作用等。

“催化”（catalysis）一词由两个希腊字拼成，字首 cata- 表示下降，Lysis 源于 lysein，意思是分裂或破碎。贝采里乌斯采用 catalysis 一词，可能是用来表示把阻碍分子反应的正常力破除掉。

在今天的化学教科书中，对催化剂能加快化学反应速率的本质原因一般解释为，它改变了反应历程，降低了反应的活化能。

3. 催化理论的孕育成型

在当时的条件下，人们并不清楚反应物、产物和催化剂的结构特征，连对它们的化学组成的认识也比较模糊。原子–分子论还没有完全建立起来，电子还没有发现，人们也不清楚化学键的本质及能的概念。贝采里乌斯不可能对催化作用的本质提出科学合理的解释。

他提出了一个大体的轮廓，这已经很不错了。他认为，催化作用不是一个化学过程。他提出用“催化力”的概念来说明催化现象。他说，所有的分子都具有一定的剩余亲和力。

催化剂能够把它所拥有的亲和力加到其他任何物质上，如铂箔上氢气和氧气的反应，可能是铂通过其表面亲和力浓缩氧气，然后把它提供给浓缩状态的氢气，结果反应就发生了。贝采里乌斯认为，催化作用是一个物理过程。

并不是每个人都接受贝采里乌斯的观点。1838 年，德·拉·里夫（de la Rive，1801—1873）提出：在铂表面上，氢气和氧气之间的催化反应包含这样一个过程，首先是铂被氧气氧化，然后该氧化物被氢气还原。他认为没有必要借助催化力来说明该反应。问题在于，像铂那样的惰性金属，氧气怎么能把它氧化？德·拉·里夫的解释未必正确，但他在向反应机理的假设方面迈进了一步。

著名化学家李比希也反对贝采里乌斯的观点。

围绕着催化反应，还有其他一些解释。1858 年，有机化学家凯库勒认为，催化剂的作用是使反应物微粒互相接近，结果削弱了反应物自身原子间的结合力。格林（B. Green，1794—1869）指出，催化剂起着反应物微粒载体的作用。墨尔塞（J. Mercer，1791—1866）则把催化作用看成一种弱的化学亲和力的表现，这和贝采里乌斯的观点接近。

总之，在 19 世纪的大部分时间里，虽然人们发现了一些催化现象，提出了相关催化作用的概念，但是对其发生作用的本质原因缺乏了解，因而不能科学地认识催化作用。

首次提出具有现代观点的催化剂和催化作用定义的是化学家奥斯特瓦尔德，他被人们誉为“物理化学之父”。他在一篇论文中说：“凡能改变化学反应的速度而本身不形成化学反应的最终产物的，就叫作催化剂。”

他列出了四种类型的催化作用：①过饱和物系中离析作用的催化；②均相混合物中的催化；③非均相催化；④酶的催化作用。

1881 年，奥斯特瓦尔德受聘为里加技术大学的化学教授，开始了题为“化学动力学研究”的一系列工作。那时候他才 28 岁，很年轻。他首先研究了酸催化条件下的乙酰胺的皂化作用和酯的水解作用，接着进行了蔗糖在各种酸存在时的转化实验。这些探索工作为他以后在催化方面的研究打下了坚实的基础。

1884 年，奥斯特瓦尔德等人提出了各种酸对酯的水解作用和蔗糖转化的酸碱均相催化作用。1887 年，奥斯特瓦尔德来到莱比锡大学。他和阿累尼乌斯、范特霍夫一起创立了物理化学。他们三人被誉为物理化学的“三剑客”。

在莱比锡大学，奥斯特瓦尔德总结了许多之前的，特别是自己的实验结果，并根据热力学定律，定义了催化作用。从那时到现在，一个多世纪的时间里，化学界定义催化作用的基本思想变化不大。

1895 年，奥斯特瓦尔德对催化作用和催化剂给出了他的解释。他认为，催化现象的本质，在于某些物质具有特别强烈的加速某些化学反应的性能，没有催化剂时，这些反应也能发生，但很缓慢。催化剂的最大特点是，只改变了这个反应的速度，但不结合到反应的最终产物中去。

奥斯特瓦尔德总结了许多实验结果，根据热力学第二定律，提出了催化剂的另一个特点，即在可逆反应中，催化剂仅能加速反应平衡的到达，而不能改变平衡常数。

如果不涉及反应机理，仅从表观上看，奥斯特瓦尔德的催化剂和催化作用概念，跟今天中学化学和大学化学教科书中相关概念的叙述基本一致。我们感觉不到它们之间的差异。

催化剂和催化作用仍然是今天中学化学和大学化学里非常重要的概念，也是目前化学研究的前沿热点问题。因为它直接关系着化学工业和国民经济的发展，关系着人与自然的和谐。这方面的研究既具有理论价值，又具有现实意义。

1898 年，奥斯特瓦尔德出版了《接触作用学说通史》一书。书中详细考察了催化作用的来龙去脉。三年之后，在一次关于“论催化作用”的讲演中，他对催化作用有了更清晰的表述。1902 年，《论催化作用》出版。这本小册子内容充实，思想深刻，影响深远。从 1881 年开始的 20 余年，是奥斯特瓦尔德在理论研究方面取得大丰收的历史时期。

1909 年，由于在研究催化作用、化学平衡和化学反应速率方面所取得的卓越成就，奥斯特瓦尔德获得诺贝尔化学奖。他是第一个在催化研究领域获得诺贝尔奖的科学家。

奥斯特瓦尔德虽然很明确地定义了催化剂和催化作用，但其对催化作用本质的理解与现代观点存在着相当大的距离。

奥斯特瓦尔德认为，催化剂所起的作用仅仅是反应物在其表面上的浓缩而已。法拉第有类似的观点，但他主要是物理学家；贝采里乌斯也有类似的观点，但他是老前辈，历史的局限性不可避免。奥斯特瓦尔德也没能超越这些。

对催化作用本质的认识得益于朗缪尔（Irving Langmuir，1881—1957）的开创性研究。朗缪尔的工作使科学的催化作用上升到新的层次。

1909 年，朗缪尔在通用电器公司研究钨灯丝。他的主要工作就是，在低压下测量各种气体在钨、铂和其他金属上的吸附（包括吸附速率和吸附平衡）。正是由于这项研究工作，朗缪尔开创了表面物理化学的先河。

他的研究成果主要包括化学吸附的现代概念和朗缪尔吸附等温式。在 1916 ～ 1922 年的六年时间里，朗缪尔发表了一系列有关单分子表面膜的行为和性质，以及有关固体表面吸附作用的研究论文，这些研究成果也与催化的吸附理论有关。

朗缪尔在其系列论文中所包含的思想，形成了思考催化作用机理的基础。他测量了各种气体在清洁金属上的分子吸附速率，通过气体压力计算了气体分子每秒与表面的碰撞数，然后计算了碰撞分数，由此导出化学吸附的碰撞分数。

朗缪尔测量了 H_2 和 O_2、CO 和 O_2 在铂箔上反应的速率，确定了它们的动力学级数，依据动力学数据提出了反应机理。朗缪尔发现，H_2 和 O_2 在铂表面上是解离吸附，解离吸附属于化学吸附，而化学吸附仅限于一个单分子层。

1912 年，希拉格测定了铂及其他一些金属的原子结构。测定结果相当精确，这为朗缪尔创立关于催化作用的吸附模型提供了很好的信息和基础。据此，朗缪尔就能够对催化活性中心进行详细描述。

朗缪尔认为，铂的表面原子在化学上肯定是不饱和的，既然不饱和，就能够与气相分子反应。现在的术语就是，表面铂原子没有配位饱和。

朗缪尔还从他的动力学测量中推出 CO 的氧化过程。在这个过程中，首先是氧气的解离吸附，接着是非吸附的 CO 与吸附态氧原子结合。他排除了吸附的 CO 与表面氧原子之间的化学反应。不过，这需要实验的支撑。记录催化过程的每一个中间状态至今都不是一件容易的事情。按作者的推测，金属表面吸附一定量的 CO 应该有更大的可能性，因为 CO 分子本身就是很好的配体。朗缪尔的所有结论都值得商榷。

催化理论的吸附模型使朗缪尔远远地超出了用古老的亲和力概念所能解释的问题范围。朗缪尔的研究工作，使化学家们彻底抛弃了催化力的概念。由于对各种气体在金属表面上吸附的研究加深了对多相催化作用及其机理的理解，1932 年朗缪尔获得诺贝尔化学奖。

从 20 世纪 50 年代开始，红外光谱、核磁共振、顺磁共振、穆斯堡尔谱及一些表面能谱，开始被应用于催化作用本质的研究。用这些技术可以获得一些关于吸附物结构的信息及催化活性中心结构与性质的信息。

现代催化作用概念的确立，经历了较长时期。未来的催化理论将随着现代仪器的日臻完善及物理化学的不断发展而发展。尽管道路曲折，但创新就在前面。人们对催化作用的认识和理解将会不断迈上新的台阶。

4. 催化反应的重要性

下面举几个例子来说明催化反应的重要性。

1905 年，哈伯（Fritz Haber，1868—1934）等根据热力学原理，研究和计算了氢、氮和氨在各种温度和压力下的平衡情况后，利用各种催化剂的帮助，研究出从空气中的氮合成氨的实验方法。当时，由于受到德国大量需要硝酸盐（当时主要作为制造炸药的原料）的巨大刺激，1912 年，哈伯的合成氨的方法实现了工业化。

合成氨的工业化满足了世界对化肥的需求和对硝酸盐的需求，同时推动了催化作用的理论研究。1923年，人们用ZnO-CrO_3作为催化剂，使CO和H_2反应合成了甲醇。1926年，在工业上实现了自CO和H_2合成人造液体燃料。

20世纪30年代后，在石油炼制的生产工艺上，人们开始广泛使用催化技术。例如，用氧化铝-二氧化硅等固体酸催化剂进行催化裂化，大大提高了汽油、煤油和柴油的数量和质量。在金属催化剂方面，推广和使用了脱氢重整等纯金属或合金催化剂，将轻质油通过催化重整，转变为苯、甲苯、二甲苯等重要的化工原料。相关催化技术的相继研究成功并应用于生产，使石油工业面貌一新。

20世纪50年代后，人们已经广泛使用石油作为初级原料，利用各种催化剂制取多种化工原料。例如，以简单金属氧化物、混合金属氧化物或某些金属作催化剂，用于芳烃或烯烃的氧化过程，以制取大量的醇、醛、酮、酸、酚等化工原料。将某些络合催化剂应用于塑料、合成纤维、合成橡胶的生产中，带动了化学工业的迅速发展。

1884年，库切洛夫（M. Г. Кучеров，1850—1911）发现，在含有汞盐的硫酸作用下，可以将乙炔水合变为乙醛。1910年，这个催化过程实现了工业化。这是一个非常重要的反应，因为它是由乙炔制造醋酸和很多其他重要反应的基础。

1959年，施密特（J. Smidt）发明以氯化钯-氯化铜作为催化剂，在水溶液中将乙醛用空气直接氧化生成乙酸。这一反应的重要性在于，它使反应的原料、催化剂及整个生产过程发生了彻底改观。

20世纪50年代，齐格勒（Karl Ziegler，1898—1973）和纳塔（Giulio Natta，1903—1979）将氯化钛-烷基铝体系用作高分子聚合反应的催化剂，这一发明使聚合反应的面貌焕然一新，同时推动了金属有机化学的发展。

之后，人们相继研究出了催化效率很高的高效催化剂，这种催化剂只占产品的百万分之几，不再影响产品的性能，因而减少了后处理工序，大幅度降低了成本。

今天，很多塑料制品、衣服、高分子制品，都是在各种各样的催化剂的催化作用下合成出来的。现在大家应该知道催化剂在生活中的重要性了吧。

在本书的最后，再提一下酶。酶是人们应用最早的催化剂，又是当前研究最活跃的一类催化剂。酶催化的独特性能是自然界的生物经过亿万年的进化形成的。它远比一般催化剂优越，具有催化反应条件温和、效率高、选择性高（基本上具有专一性）的特点。这些都是优越的催化性能。

这正是它吸引科学家的地方。许多酶含有金属离子，金属离子在其中起反应活性中心的作用。因此，模拟酶的特异功能，仿照酶的化学结构合成高效的模拟酶催化剂，是目前催化领域面临的重要课题。如果这一问题能够解决，世界的面貌将会不同。

参考文献

柏廷顿 .1979. 化学简史 . 胡作玄，译 . 北京：商务印书馆 .

柏廷顿 J R.2003. 化学简史 . 胡作玄，译 . 桂林：广西师范大学出版社 .

贝尔纳 J D.1959. 历史上的科学 . 伍况甫，等，译 . 北京：科学出版社 .

贝尔纳 J D.2003. 科学的社会功能 . 陈体芳，译 . 桂林：广西师范大学出版社 .

戴维・林德伯格 .2013. 西方科学的起源 . 张卜天，译 . 长沙：湖南科学技术出版社 .

丹皮尔 W C.1975. 科学史及其与哲学和宗教的关系 . 李珩，译 . 北京：商务印书馆 .

方以智 .1978. 物理小识 . 台北：台湾商务印书馆

冯家升 .1954. 火药的发明和西传 . 上海：华东人民出版社 .

葛洪 .1990. 抱朴子 . 上海：上海古籍出版社 .

亨利・M. 莱斯特 .1982. 化学的历史背景 . 吴忠，译 . 北京：商务印书馆 .

《化学发展简史》编写组 .1980. 化学发展简史 . 北京：科学出版社 .

卡普斯廷斯基 . 1956. 俄罗斯无机化学与物理化学发展简史 . 钱宪伦，张国光，译 . 北京：科学出版社 .

凯德洛夫 .1985. 化学元素概念的演变 . 陈益升，袁绍渊，译 . 北京：科学出版社 .

李乔苹 .1950. 中国化学史 . 北京：商务印书馆 .

李时珍 .2007. 本草纲目 . 北京：北京出版社 .

李亚东 .1984. 科学的足迹 . 郑州：河南科学技术出版社 .

利纳・弗里斯 .1982. 原子科学的两千四百年 . 兰宜申，译 . 南京：江苏科学技术出版社 .

凌永乐 .1979. 化学元素周期律的形成和发展 . 北京：科学出版社 .

凌永乐 .1985. 原子量的测定 . 北京：科学出版社 .

马诺洛夫 .1980. 名化学家小传 . 丘琴，等，译 . 北京：科学普及出版社 .

潘永祥 .1984. 自然科学发展简史 . 北京：北京大学出版社 .

清华大学自然辩证教研组 .1982. 科学技术史讲义 . 北京：清华大学出版社 .

沈括 .2010. 梦溪笔谈 . 北京：万卷出版公司 .

索洛维耶夫 Ю И，菲古罗夫斯基 Н А.1965. 阿累尼乌斯传 . 丁田，译 . 北京：商务印书馆 .

汤浅光朝 .1984. 解说科学文化史年表 . 张利华，译 . 北京：科学普及出版社 .
王琎，等 .1957. 中国古代金属化学及金丹术 . 上海：上海科学技术出版社 .
韦克思 M E.1965. 化学元素的发现 . 黄素封，译 . 北京：商务印书馆 .
沃尔夫 .1985. 十六、十七世纪科学技术和哲学史 . 周昌忠，等，译 . 北京：商务印书馆 .
沃尔夫 .1991. 十八世纪科学、技术史和哲学史 . 北京：商务印书馆 .
吴国盛 .2009. 科学的历程 . 北京：北京大学出版社 .
肖莱马 .1978. 有机化学的产生和发展 . 潘吉星，译 . 北京：科学出版社 .
杨宽 .2004. 中国古代冶铁技术发展史 . 上海：上海人民出版社 .
杨天林 .2011. 化学与人类文明 . 北京：中国社会科学出版社 .
袁翰青 .1956. 中国化学史论文集 . 北京：生活・读书・新知三联书店 .
曾少潜 .2003. 世界著名科学家简介 . 北京：科学技术文献出版社 .
赵匡华 .1990. 化学通史 . 北京：高等教育出版社 .
中国科学技术自然科学史研究所近现代科学史研究室 .1982. 科学技术的发展 . 北京：科学普及出版社 .
中国科学院自然科学史研究所 .1978. 中国古代科技成就 . 北京：中国青年出版社 .

后　记

本套丛书的写作花费了近三年时间，但与此有关的积累和准备工作远超过十年。对文学的爱好和对科学的执着使我找到了一个好的契合点，那就是尽可能用文学的语言讲述科学发展的历程及著名科学家的故事。工作之余，我的几乎所有业余时间的写作都与科学和文化有关。

此时此刻正是北方的春天，窗外渐浓的绿色和灿烂阳光似乎传递着自然的某种气息和对生命的某种祈盼。我首先要感谢科学出版社科学人文分社的侯俊琳社长，没有他的发现和耐心细致的督促，就不会有系统的“科学的故事丛书”的出现。

2015年春天，当俊琳社长与我讨论关于丛书的策划和内容时，我深深感到一位出版人的远见和博大胸怀。这是一件非常有意义、也很有吸引力的工作。我认为，我们的一切发展都必须以脚下的历史为根基。只有在传承科学积淀和历史文化的基础上，我们才能将人类的科学文化发扬光大，并进一步开创美好的未来。以往，在自然哲学和自然科学方面，我们忽视了对历史的关注，本套丛书的出版就是为了弥补这方面的不足。

书中配了适量有趣的漫画插图，线条流畅、幽默风趣，与文字配合默契，使所叙述的故事更加生动、直观和亲切，使读者平添一种身临其境的感觉。本套丛书面向的是那些具有中学以上文化程度的读者，他们对数学、物理学、化学、生物学、天文学、地理学和自然的基础知识有一定了解和理解，同时渴望知道科学的起源，渴望走近源头汩汩不息的溪流。

感谢所有为本套丛书的出版付出心血的人，感谢科学出版社相关领域的专家和审稿人为丛书的面世所做的大量工作，作者从中受益良多。特别感谢本书的责任编辑朱萍萍、张莉、田慧莹、程凤、张翠霞、刘巧巧等老师，他们本着精益求精的原则，对书稿的质量进行了严格把关，在审读、加工和校对的各个环节都表现出了高度的专业精神和责任感。感谢中国科学院自然科学史研究所张柏春所长和关晓武研究员的关心和支持，感谢潘云唐、郭园园、刘金岩、樊小龙、徐丁丁、崔衢、李亮、鲍宁等专家对丛书的仔细审阅和提出的建设性意见。

在此想说明的是，在篇幅有限的作品中，我特别注意文字的可读性、知识的教谕作用和思想的启蒙价值。可以说，书中的每一个单元都是一篇科学散文，我的初衷就是走进历史深处、挖掘科学文化。书中也表达了我在科学教育、科学研究及阅读、写作过程中产生的一些想法和观点，错误和不当之处在所难免，希望富有见解的读者和学者批评指正。

杨天林

2018 年 3 月